U0271115

崇明白山羊

上海市崇明区动物疫病预防控制中心
上海市崇明畜牧协会　编著

上海科学技术出版社

图书在版编目（CIP）数据

　　崇明白山羊／上海市崇明区动物疫病预防控制中心，
上海市崇明畜牧协会编著．
—上海：上海科学技术出版社，2017.8
　　ISBN 978-7-5478-3629-3

　　Ⅰ．①崇…　Ⅱ．①上…　②上…　Ⅲ．①山羊－饲养管理
Ⅳ．① S827

　　中国版本图书馆 CIP 数据核字（2017）第 160110 号

责任编辑　祁永红　张　斌
文字编辑　李箕康
装帧设计　戚永昌

崇明白山羊

上海市崇明区动物疫病预防控制中心
上海市崇明畜牧协会　　编著

上海世纪出版股份有限公司
上海科学技术出版社 出版
（上海钦州南路 71 号　邮政编码 200235）
上海世纪出版股份有限公司发行中心发行
200001　上海福建中路 193 号　www.ewen.co
浙江新华印刷技术有限公司印刷
开本 787×1092　1/16　印张 10.5　插页 12
字数 200 千字
2017 年 8 月第 1 版　2017 年 8 月第 1 次印刷
ISBN 978-7-5478-3629-3/S·158
定价：98.00 元

内 容 提 要

本书系统介绍了国内著名山羊品种——长江三角洲白山羊的优秀代表"崇明白山羊"在崇明岛形成的历史沿革及其生长的自然环境、种质保护和经济价值，种质特性和生产性能，并介绍了崇明白山羊原种场30年选育、保种的科技成果。本书还阐述了山羊的繁殖技术、营养需要与饲料配合及加工利用、牧草种植、饲草轮供和青贮，羊场建设，各类羊的饲养管理，以及肉羊屠宰加工与羊肉产品质量检验等。

本书内容新颖丰富，图文并茂，文字通俗简练，集知识性、实用性和可操作性于全书，是一本高质量的畜牧科技读物，也是国内难得的一本有关山羊优良地方品种的专著。

《崇明白山羊》编委会

编委会主任兼主编　　成建忠

执行主编　　丁鼎立

副主编　　黄松明　　朱勇　　林月霞

编著者　　（按姓氏笔画排列）

丁鼎立　　叶慧萍　　付桂香　　成建忠

朱勇　　刘海萍　　林月霞　　季海丰

施兵　　秦杰　　袁园　　顾卫东

黄松明　　惠艳华　　鄢志刚

崇明白山羊原种场场部

崇明白山羊原种场概貌

饲草料配制车间

标准化羊舍内部

高床养羊

后备母羊

成年母羊

成年公羊

怀孕母羊

哺乳母羊

一胎双羔

羊肉胴体

羊肉分割

小包装生鲜羊肉

祝贺畜牧科技专著
《崇明白山羊》问世

单位名称：上海古宗白山羊专业合作社

地　　址：崇明区向化镇　　**负责人**：石卫东

主要产品：古宗牌小包装系列羊肉分割产品、羊肉卷

联系电话：13801944787　　**邮箱**：guzong2008@163.com

单位名称：上海瀛星白山羊专业合作社

地　　址：崇明区三星镇永安村　　**负责人**：蒋文龙

主要产品：崇明白山羊

联系电话：13601864191　　**邮箱**：yyny_zhanghao@163.com

单位名称：上海万益农业种植专业合作社

地　　址：崇明区新河镇天新村 1519 号　　**负责人**：郁勇敢

主要产品：小包装系列羊肉分割产品

联系电话：15821127863　　**邮箱**：1923404473 @ qq.com

为崇明世界级生态岛
建设助力！

单位名称：上海荟萃农产品专业合作社

地　　址：崇明区三星镇东安村　　**负责人**：凌　林

主要产品：崇明白山羊餐饮

联系电话：13061629169　　**网址**：www.shlingyidao.com

单位名称：上海万禾农业科技发展有限公司

地　　址：崇明区中兴镇爱国村 588 号　　**负责人**：黄铭德

主要产品：小包装新鲜羊肉分割产品

联系电话：13817315417　　**网址**：www.vertorganic.com

单位名称：上海小姚白山羊专业合作社

地　　址：崇明区港沿镇合兴村 236 号　　**负责人**：姚汉兵

主要产品：崇明白山羊分割产品

联系电话：15901728035　　**邮箱**：15901728035@163.com

序 / XU

　　由上海市崇明区动物疫病预防控制中心组织养羊一线专业技术人员编著的《崇明白山羊》出版面世了，这是我国山羊产业方面的鲜有专著，也是我市优良地方畜种资源开发工作中的一件极有意义的事。在此，谨致祝贺和谢意！

　　"畜牧发展，良种为先"，畜禽良种对畜牧业发展的贡献率超过40％，畜牧业的核心竞争力很大程度上体现在畜禽良种上。崇明白山羊是在特定的岛屿气候环境条件下孕育而成的肉毛兼用型山羊良种，成熟早、生长快、繁殖率高、肉质鲜嫩无膻是它的突出优点。这是千百年来先民祖辈们辛勤培育的遗产资源，也是近几十年来市、县两级畜牧兽医科技人员坚持进行研究开发，使之跃升为长江三角洲特色名品山羊的业绩。难能可贵的是，编著者怀着浓厚的乡土情和执着的事业心，不遗余力地整理崇明白山羊的历史文献和有关资料，归纳总结历年来的科研推广成果和原种场标准化建设经验，析释崇明白山羊的历史沿革、形成条件、优良性状，全面系统地阐述了规模养羊场生产规范、信息化管理实践、种草养羊、防病治病、肉羊屠宰加工与羊肉质量安全检验等方面的必要知识和操作技术，集知识性、实用性和可操作性于全书,为本地区乃至全国各地的山羊养殖场(户)、羊业工作者和需要认知羊业、羊肉的人们提供了一本导航性实用读物,必将为崇明白山羊产业的健康发展和崇明世界级生态岛建设发挥更大的技术支撑作用。

　　是为序。

上海市崇明区区长

2017 年 2 月

前言
QIAN YAN

　　崇明岛是我国的第三大岛,长江口的一颗璀璨明珠。这里土地肥沃,气候温润,植被丰富,适宜发展种养业。据县志、史书记载,崇明岛形成于公元 618 年(唐朝武德元年)。我们的祖辈从江苏省句容等地迁来开发,最先带上岛的就是山羊。羊,六畜中的善者、仁者,大自然吉祥的使者,人类几千年生存、生产、生活发展史中的忠诚伙伴。它吃的是牧草和秸秆,献给人类的是"美味"和"美丽",送给农牧民的是"金子"和"银子",还送给农作物使其苗壮成长的优质有机肥料。

　　崇明白山羊在特定的长江口岛屿的气候环境条件下,经过千百年的培育、繁衍、孕育而成,为早熟、繁殖率高、肉质细嫩鲜美的肉毛兼用型良种羊。新中国成立后,特别是改革开放以来,崇明畜牧兽医科技工作者在上海市畜牧兽医科研部门参与和指导下,怀着乡土情和责任感,对崇明白山羊进行了长期的科学研究和开发利用,使它的生产性能日臻优良,从而成为长江三角洲白山羊品种中的佼佼者和优秀代表,不仅种群最大、饲养量最多,而且在新的历史条件下,崇明白山羊在规模化、标准化养殖和产业化经营方面,取得了喜人的进展,展现出广阔的发展前景。1978 年崇明县被国务院定为"长江三角洲白山羊"生产基地,1989 年崇明白山羊被列为崇明县优良地方品种保护范围,2009 年被上海市农业委员会确定为上海市畜禽遗传资源保护品种,享受市、区两级财政保种补贴。

　　养羊业是畜牧业生产中的朝阳产业,在人们追求回归自然食物的当今,崇明白山羊更具市场优势。为了系统整理历年来崇明白山羊的科研及推广成果,总结保种、育种和科学养殖生产经验,适应养羊业创新驱动与转型发展的需要,我们会同市、县畜牧兽医科技人员,编著了《崇明白山羊》这本专著。本书内容分为九章,主要阐述崇明白山羊的历史沿革、形成条件、优良性状及育种保种工作中的科研成果,系统介绍山羊规模化养殖场基本建设、饲草种植加工、繁殖配种、舍饲管理等方面的技术知识,尤其披露了崇明白山羊原种场在标准化建设、信息化管理和生物安全方面的新技术、新经验。为了适应日益兴旺的羊肉消费市场,本书还增编了屠宰加工与羊肉质量安全检验等实用知识。我们期许能为家乡的农业现代化和经济社会的繁荣尽一份绵薄之力。

在本书编写过程中,得到南京农业大学教授茆达干、上海市动物疫病防控中心研究员王永康的指导并给予许多宝贵建议,在此一并表示深切的谢意!由于编著者水平所限,书中难免有不妥之处,敬请读者批评指正。

成建忠 丁振立

2017 年 2 月

MU LU

第一章
概述

　　崇明岛,是中国第三大岛,也是我国最大的河口沙岛,已有 1 300 多年历史。现有面积为 1 267 km²,海拔 3.5～4.5 m。它形似春蚕,头西尾东,卧伏于长江入海口的金涛碧波之上,明太祖朱元璋曾称之为"东海瀛洲"。全岛地势平坦,土壤肥沃,河渠成网,岸线绵长,物产富饶,水洁风清,林木茂盛,森林覆盖率达到 28％,北沿、东滩滩涂广宽,牧草丰茂,有着发展畜牧业的良好条件。

　　崇明白山羊就是在崇明岛特定水土条件下孕育而成的地方良种,具有适应性强、繁殖率高、肉质鲜美、营养丰富等特点,系全国重点保护和利用的家畜品种,列为国家重要出口商品。下面简介其历史沿革、品种形成的环境条件、分布及类型、种源保护及经济价值。

一、历史沿革

　　崇明岛是新长江三角洲发育过程中的产物,它的原处是长江口外浅海。长江奔泻东下,流入河口地区时,由于比降减小,流速变缓等原因,所挟大量泥沙于此逐渐沉积。一面在长江口南北岸造成滨海平原,一面又在江中形成星罗棋布的河口沙洲。这样一来,崇明岛便逐渐成为一个典型的河口沙岛。它从露出水面到最后形成大岛,经历了千余年的涨坍变化。1 300 多年来,崇明岛从长江口两个沙洲演变成中国的第三大岛,并是中国现今河口沙洲中面积最大的一个典型河口沙岛。它位于东经 121°09′30″～121°54′00″,北纬 31°27′00″～31°5l′15″,南以长江主航道为界,与江苏省常熟、太仓,上海市宝山、浦东等相望,北以江苏省的启东、海门 1983 年的陆地线为界,东濒浩瀚东海,西接万里长江,岸线总长 207.47 km。全岛东西长 76 km,南北宽 13～18 km 不等。

崇明岛,在新中国成立前以南坍北涨为主,新中国成立后经过水利建设、不断围垦和人工促淤,1960 年起,南坍基本停止,北部和东西端仍继续淤涨。目前,东西两端每年还在以 143 m 的速度延伸。

根据我国对文化遗址考古挖掘资料的考证,远在五六千年以前的原始社会里,我国古代的先人就已在长江下游的沃土上辛勤耕耘,并饲养各种畜禽。公元 696 年(唐万岁通天元年)初,始有人在岛上居住,先民大多从附近丹阳、句容等地迁来,以捕鱼为生。随着人口迁入增多,农耕业、畜牧业得到开发,先进的耕作技术和优良畜禽品种传入岛内并开花结果。至唐神龙元年(公元 705 年)始建立崇明镇于西沙,取名崇明,意为高出水面而又平坦广阔的明净之地。历经上千年开发,崇明岛如同江南田地,一片片绿油油的庄稼,一道道灌溉用的水渠,村落密布,道路交错,并无一般海岛的荒凉景象。980 年(宋太平兴国五年),曾为流放地,囚徒在此煮盐,盐业始起。1222 年(宋嘉定十五年),姚刘沙和三沙均设有盐场,元朝时盐业仍十分兴旺。以后土质变淡,盐业渐衰,但是形成了崇明岛特有的水土特质,为以后养育优质白山羊提供了天然有利条件。

据文献记载,明嘉靖四十年(公元 1561 年),崇明县知县范性编修《崇明州志》,最早记载了白山羊养殖,以后历次修志均对白山羊有所记载,1990 年编修《崇明县志(1949—1988)》,对崇明白山羊有了更详细的记载:"崇明白山羊属长江三角洲地方羊种之一,是在崇明岛特定水土条件下孕育而成的特有地方良种,是崇明传统特产之一。"崇明白山羊具有适应性强、繁殖率高、肉质鲜美、营养丰富等特点,系全国重点保护和利用的家畜品种,列为我国重要出口商品。崇明县于 1978 年被国务院定为"长江三角洲白山羊"生产基地。

二、品种形成的环境条件

崇明县农民饲养白山羊的历史较久,岛上居民大都是从江苏句容一带迁来,崇明和江苏海门等地隔江相望,民间交往频繁,崇明、句容、海门都是长江三角洲白山羊的产区,因此白山羊也随岛上居民的迁移而进入该地,经当地群众 1 000 多年的自然选育而形成优质的肉毛兼用型地方良种,即现在的崇明白山羊种群。崇明岛的自然环境、社会经济等条件,尤其是耕作制度对崇明白山羊的形成产生较大影响。

（一）土壤地貌概况

1. 地貌特征

崇明为长江冲积沙岛，地势低而平坦。据县水利局调查，地面标高程一般在吴淞标高 3.4～4.2 m，占总耕地的 78.83％；低洼地标高 2.7～3.2 m，占 3.48％；少数高坑地标高 4.21～6.0 m。境内无山冈丘陵分布。在绿华大部、三星镇海桥大部、庙镇西南部、城桥西部、城桥镇鳌山南部、陈家镇裕安西南部和陈家镇西南部，地势较低，地下水位较高，在汛期和多雨季节，易致短暂性农田涝积现象。

2. 土壤特征

崇明县地理位置优越，气候条件好，具有土壤类型（可分为 3 个土类、8 个土属、35 个土种）多、植被丰茂的特点。

（1）水稻土类 面积较大，占全县集体耕地的 49.88％。分为夹砂泥和黄泥两个土属。

1）夹砂泥土属：水稻土中最普遍的一种土壤类型。面积最大，占全县集体耕地的 43.23％，占水稻土面积的 86.66％。主要分布于西部和中部地区。按质地层次组合，可划分为黄夹砂、砂底黄夹砂、砂身黄夹砂、砂夹黄、砂身砂夹黄、砂底砂夹黄 6 个土种。

2）黄泥土属：水稻土中质地较黏重的一种土壤类型。分布较零散，面积不大，占全县集体耕地的 6.65％，占水稻土面积的 13.34％。按质地层次组合，可划分为黄泥、砂身黄泥、砂底黄泥和强黄泥 4 个土种。

（2）潮土类 分布较广，面积仅次于水稻土类，占全县集体耕地的 39.98％。分为夹砂土、黄泥土、砂土和堆叠土 4 个土属。

1）夹砂土土属：全县大部分地区都有分布，是潮土中面积最大、分布最广的一种土壤类型。占全县集体耕地的 35.32％，占潮土面积的 88.33％。按质地层次组合，可划分为黄夹砂土、砂身黄夹砂土、砂底黄夹砂土、潜砂底黄夹砂土、砂夹黄土、砂身砂夹黄土、砂底砂夹黄土、潜砂身砂夹黄土及潜砂底砂夹黄土 9 个土种。

2）黄泥土土属：面积不大，分布较散，以中部地区较多。占全县集体耕地的 2.96％，占潮土面积的 7.41％。按质地层次组合，可划分为黄泥土、砂身黄泥土、砂底黄泥土、强黄泥土和潜砂底黄泥土 5 个土种。

3）砂土土属：有少量分布。占全县集体耕地的 1.47％，占潮土面积的 3.67％。它可划分为砂土和粉砂土两个土种。

4）堆叠土土属：主要由开河等农田基本建设中,人工堆叠形成。一般分布在县、社骨干河道两岸,面积较小,仅占全县集体耕地的0.23%。堆叠土仅有一个土种。

（3）盐土土类 主要分布在北部和东部沿江一带,占全县集体耕地的10.14%。它可划分为壤质盐土和砂质盐土两个土属。

1）壤质盐土：以壤质为主,质地由轻壤到重壤。垦殖时间短,耕层较浅。有机质含量低,碳酸盐含量高,盐板瘦是该土的特点。根据耕层质地的差异,可划分为壤质重盐土、壤质中盐土、壤质轻盐土、脱盐夹砂土和脱盐黄泥土5个土种。

2）砂质盐土土属：面积较小,占全县集体耕地的1.35%,占盐土土类的13.3%。根据含盐量和质地差异,可划分为砂质中盐土、砂质轻盐土和脱盐粉砂土3个土种。

（二）水文概况

崇明属平原河网潮汐水文,岛上人造河沟呈井字形纵横交错,河网密度平均每平方千米河线长 10.7 km,有水面积 10 421.4 hm²,占土地总面积的12.76%。航道畅通,灌溉便利,生产生活用水充足。

崇明岛位于长江入海口,此处,东海的咸水、东海咸水与长江口淡水混合成的半咸水、崇明岛的淡水水域,三种水体形成了一个天然的水道。四面环水的崇明岛,境内河道纵横,两条引河贯通东西,并串联南北30条骨干河道,与623条横河、15 080条河沟交织成遍布全境的繁密水网,有利于贮存大量水源。崇明地表水丰富,全年降水径流量加上长江引潮量,每年可获淡水 25.81 亿～27.78 亿 m³。

全岛地势低平,地下水位偏高,平均为85.7 cm。受海潮上溯影响,水质偏咸,含盐量较高,尤以2～3月长江枯水期为甚。

（三）气候概况

崇明气候属北亚热带季风气候,温和湿润,雨水充沛,日照充足,无霜期长,四季分明,具有明显的海洋性气候特征。夏季湿热,盛行东南风。冬季干冷,盛行偏北风。据气象资料,年日平均气温为 15.3℃,无霜期为 229 天,年平均雨量为 1 000.4 mm。平均日照为 130.1 天,全年平均日照为 2 129.5 h。月平均气候以 1 月最低(2.9℃),7 月最高(27.6℃)。日极端最低气温为零下 10.5℃,日极端最高气温为 37.3℃。初霜期平均为 11 月 15 日,终霜期平均为 3 月 30 日。由于崇明地处中纬度沿海,冷暖空气在岛上空交替影响,致天气变化复杂,灾害性天气频繁。春季常有低温和连阴天气;夏季常有暴雨、高温和伏旱,局部地区还有冰雹和龙卷风;秋季常有低温、秋雨和台风;冬季常有强寒潮袭击。在农牧业生产上,每年都可遇到多种不同程度的气候灾害。全年总雨日(日雨量≥0.1 mm)平均为130.1天,最多年为150天,最少年为99天,降水时间主要集中在4~9月,平均月降水量都在100 mm,占全年总降水量的70.7%,而其余月份降水量,平均在70 mm以下,4~9月雨日为75.2天,占全年雨日的57.8%。各月雨日均在10天以上。4月份雨日最多,6月份雨量最大,12月份雨日最少,1月份雨量最小。台风、暴雨、梅雨、干旱等是常见的灾害性气候。

(四)植被及牧地分布利用概况

崇明广阔的北部、东部滩涂与农村田边、地角、岸坡、路旁一年四季(除冬腊初春)野生杂草生长茂盛。它们不仅是畜禽的天然饲料,而且是宝贵的药材资源。其中可供药用的有百余种,有毒有害的植物几乎没有。杂草主要有马齿苋、益母草、苍耳、佩兰、泽漆草、旋覆草、扁血草、蒲公英、墨旱莲、瓜蒌、老虎脚爪草、土牛膝、紫浮萍、蟛蜞菜、杞子根、凤茄、龙葵草、灯笼草、金银花、车前草、青蒿、水竹叶、芦苇、关草、丝草、鸭舌草、雀稗、金色狗尾草等。

(五)耕作制度

崇明岛土质砂性较重,农作物以杂粮和棉花为主。其中粮食作物有水稻、三麦(大麦、小麦、元麦),杂粮作物有玉米、三豆(蚕豆、赤豆、黄豆)等,经济作物有棉花、油菜、香料、中药材等。此外,还有薯类、瓜果和蔬菜。

近几十年来,棉花种植面积逐渐减少,改为棉粮并重,继而改为以粮为主。由于农作物栽培布局的改变,扩大了粮食作物的种植面积,加上土地复种指数提高,精耕细作,田地需要施用更多有机肥料。与此同时,产出的各类农作物秸秆和副产品增多,从而促进了养羊业的发展。

(六)自然疫源地

崇明四面环水,随江水而来的泥沙、污物在西、北面积聚,形成自然疫源地的可能性之一。气候温润,土地肥沃,生活资源十分丰富。兽类主要有黄鼠狼,早年有刺猬,现已绝迹。其他动物主要有蛇、壁虎、蜈蚣、大蟾蜍(俗称癞蛤蟆)、青蛙、蚯蚓、蜗牛、蚰蜒、蟑螂等。鸟类品种繁多，候鸟达290余种。能作饲料和药材的野生动物有数百种。与畜禽疫病发生有关的野生动物主要有鼠、蛇、蚯蚓等。吸血昆虫、能引起畜禽疫病传染流行的，有蚊、虻、蝇、蠓等。此外，犬、猫广为饲养，能传播畜禽一些疾病。

（七）饲养方式

崇明养羊业在历史上是传统的自给自足的小农经济和一家一户庭园型的饲养经营方式，养羊以食肉、积肥以及取皮毛为目的。白山羊的饲养管理比较粗放，以舍饲为主、拴养为辅。棚舍要求不高，成本投入也低，以杂草为主要饲料，还可积些肥料，所以几乎每家农户都养几头羊，白天下田劳动，随手牵着羊，用绳子一头拴住羊的头颈，一头绳梢衔根小木棒插入地里，让山羊在田边地头吃草。崇明岛从形成至今，基本没有受过重工业的污染，一直保持着气净、土净、水净的优势，因而生长在岛上的各种杂草也是清洁的饲草。山羊喜食的杂草很多，包括禾本科草、类禾本科草、阔叶草及杂树的嫩枝叶、海滩的嫩芦苇等，如地毯草、独尾草、牛筋草、蒲公英、野苋菜、小蓟等。农民在收工时割一点草，将羊牵回家，晚上在棚内饲喂，冬季一般喂晒干的番薯藤、大豆秸、花生藤、青杂草等，有条件的补饲些麦麸、瘪谷等育肥。

同时白山羊无汗腺，其散热方式主要为蒸发散热。夏季气候炎热，为了适应环境，在长期的自然选择中，崇明白山羊保持中等偏小的体型，并且在夏季维持偏瘦的体况，而入秋后天气渐渐变冷，采食量增加，此时脂肪沉积开始增加，体况变为较肥，为越冬做好体脂储备。拴养确保了每天都有相当的运动量，因而确保了肉质鲜美。

三、分布及类型

崇明白山羊饲养范围为东经 $121°09'30''\sim121°54'00''$，北纬 $31°27'00''$ 至 $31°51'15''$ 的崇明县，包括崇明岛、长兴岛和横沙岛，三岛陆域总面积为 $1\,411\,km^2$，其中崇明岛 $1\,267\,km^2$，长兴岛 $88\,km^2$，横沙岛 $56\,km^2$。在此范围内，崇明白山羊没有太大的类型差别，或者说至今还没有对崇明白山羊进行差别性分类。据反映，岛北（北沿地区）的山羊与岛南山羊有细微差别，北沿地区土壤含盐较高，长期饮用咸水，对其生长发育有否影响，有待于科学证实。

四、种源保护

为改变农户私养的传统生产模式,有效保护崇明白山羊种质资源,提高崇明白山羊生产水平,崇明县畜牧主管部门从 1988 年开始对其种源进行保护和开发利用,主要措施是保种和杂交利用并举。种质资源保护历经艰难坎坷,主管部门最终确立了"政府保种源,企业搞开发"的白山羊种质资源保护和开发利用并举的整体思路,目前已经建成了存栏规模 1 200 头、集先进设施和自动化信息化管理为一体的崇明白山羊保种场 1 个,成为地方种质资源保护的基地。现将新中国成立以来种源的保护过程简介如下。

新中国成立初,全县白山羊饲养量为 12 万头左右。

1958 年,县供销社等单位购进千余头蒙古羊,在新海、聚兴 2 个国营畜牧场饲养繁殖。此后,一些农户曾购进少量奶山羊、湖羊和绵羊。这些品种均不适应崇明的自然条件而逐渐淘汰。

1965 年,全县白山羊饲养量增加到 20.67 万头。

70 年代初,在江海滩涂发展集体养羊,至 1973 年,兴办养羊场 120 个,年末圈存羊 4 000 余头,平均存栏 33.3 头。

1978 年,国务院确定崇明县为"长江三角洲白山羊"生产基地。

1979 年全县白山羊饲养量达 23.6 万头,平均每户 1.3 头。三星、合作、新河、新民、竖河、大新、堡镇、马桥、合兴、向化、汲浜、陈镇、裕安 13 个公社,饲养量超万头。

1976~1981 年,全县共出栏羊 31.09 万头,上市羊 20.61 万头。

1983 年起略有下降,1984 年饲养量下降至 14.76 万头。1989 年比 1984 年饲养量略有增加 3.48 万头,增长 23.57%。

1988 年,上海市在崇明县东平林场建立崇明白山羊保种基地。

1993 年,在东平林场崇明白山羊保种基地的基础上着手建立崇明白山羊保种场。

1992~1995 年,畜牧主管部门开始推行杂交改良项目。鉴于纯种崇明白山羊个体小、生长速度慢、经济效益不高等原因,从浙江省引进南江黄羊、萨能山羊,从江苏省引进黄淮山羊,开展自群繁殖,并与本地白山羊开展杂交利用,杂种肉山羊生长速度和成年体重有很大提高。在这个过程中,崇明白山羊纯种群体急剧萎缩,纯种中是否掺杂了一些外血缘和其对该品种的影响,尚无确切的数据证实之。

五、经济价值

崇明白山羊为肉皮兼用型品种,它的经济价值主要体现在肉、毛、皮及内脏等方面。

(一)羊肉

山羊肉的粗蛋白质含量高于猪肉,粗脂肪含量高于牛肉(表1-1),粗灰分(主要为矿物质元素)含量高于牛肉和猪肉。且山羊肉的水分和矿物质高于绵羊肉。同其他畜禽肉比较,羊肉蛋白质的必需氨基酸含量较高,胆固醇含量最低。

表1-1 羊肉与牛肉、猪肉常量化学成分比较(%)

肉　　名		水　　分	粗蛋白	粗脂肪	粗灰分
山羊肉	成年羊肉(1)	67.54	19.47	11.88	1.11
	成年羊肉(2)	61.7～66.7	16.2～17.1	15.1～21.1	1.0～1.1
	1岁羊肉	68.29	20.40	10.16	1.15
	7周龄羊肉	70.00	21.40	7.70	0.90
绵羊肉	成年羊肉(1等)	55.25	16.85	27.00	0.90
	成年羊肉	48.0～65.0	12.8～18.6	16.0～37.0	0.8～0.9
	18月龄羊肉	52.83	13.22	33.25	0.70
	8月龄羊肉	61.27	14.83	23.13	0.77
牛　肉		55.0～60.0	16.2～19.5	11.0～28.0	0.8～1.0
猪　肉		49.0～58.0	13.5～16.4	25.0～37.0	0.5～0.9

注:资料来源于马章全、张德鹏主编的《古今羊肉保健养生指南》。

1. 羊肉蛋白质的氨基酸含量

羊肉蛋白质的氨基酸含量是决定羊肉食用价值的重要指标。与绵羊肉比较,山羊肉蛋白质的多数必需氨基酸含量略低于绵羊肉,非必需氨基酸也略低于绵羊肉。同其他畜禽肉比较,山羊肉蛋白质的必需氨基酸赖氨酸、亮氨酸、苏氨酸、精氨酸、缬氨酸、异亮氨酸等含量较高(表1-2、表1-3)。

表1-2 我国绵羊、山羊肉的氨基酸含量(%)

必需氨基酸	绵 羊	山 羊	非必需氨基酸	绵 羊	山 羊
苏氨酸	3.99	3.14	天门冬氨酸	7.46	6.53
缬氨酸	3.79	3.26	丝氨酸	3.43	2.45
蛋氨酸	2.07	1.43	谷氨酸	14.95	11.14
异亮氨酸	3.43	2.89	甘氨酸	4.29	5.05
亮氨酸	7.10	5.32	丙氨酸	4.99	4.80
组氨酸	2.45	4.00	酪氨酸	2.85	2.15
精氨酸	5.44	6.02	脯氨酸	3.48	0.71
苯丙氨酸	3.08	2.56	胱氨酸	0.55	0.83
赖氨酸	7.52	5.94			

表1-3 国外几种畜禽肉蛋白质的必需氨基酸含量(mg/g)

必需氨基酸	山羊肉	绵羊羔肉	牛 肉	猪 肉	鸡 肉
苏氨酸	48	49	40	51	47
缬氨酸	54	52	57	50	—
蛋氨酸	27	23	23	25	34
异亮氨酸	51	48	51	49	—
亮氨酸	84	74	84	75	112
苯丙氨酸	35	39	40	41	46
组氨酸	21	27	29	32	23
赖氨酸	74	76	84	78	84
精氨酸	75	69	66	64	69
色氨酸	15	13	11	13	12

2. 羊肉的胆固醇含量

羊肉的胆固醇含量在所有家养畜禽肉中最低(表1-4),每100 g瘦肉中,山羊肉的胆固醇为29～70 mg,绵羊肉为65～70 mg,牛肉为75～106 mg,猪肉为74～126 mg,鸭肉为80 mg,兔肉为65～83 mg,鸡肉为70～117 mg。因此,羊肉对人们防治心血管系统疾病是合适的肉类。

表1-4　几种畜禽肉的胆固醇含量(mg/100 g 瘦肉)

山羊肉	绵羊肉	牛 肉	猪 肉	鸭 肉	兔 肉	鸡 肉
29～70	65～70	75～106	74～126	80	65～83	70～117

（二）毛

公山羊颈部和鬐甲部有一片长而粗的领鬃毛，尤以当年未经阉割的小公羊，在 12 月至翌年 1 月所产鬃毛质量最好，挺直、有峰、富有弹性，是制笔的上好原料。其中最高档的细光峰占 2.6%，粗光峰占 3.9%，分为十几个品类等级，可制作多种毛笔、油画笔、排笔和军用刷子等。为增收笔料毛，小公羊一般不予阉割，当体重达 15～20 kg 时宰杀，取其领鬃毛，畅销国内外市场，享有一定的声誉。其余羊的毛经济价值较低。

（三）皮

山羊皮板具有细致、柔软、光滑等特点，大羊皮以秋冬的为好，每只皮板面积 0.19～0.23 m²，是制革的好原料，鞣制后可染色制作各种款式的皮衣、皮裤、皮夹克、皮帽、皮手套等。但上海郊区农民习惯将山羊屠宰后褪毛连皮食用。

（四）小肠

小肠是制作医疗手术用缝合线和乐器琴弦的主要原料。一般 1 头山羊的小肠可加工成 12～14 cm 的羊肠线或 2 m 左右的小提琴弦，或加工成 1.5 kg 香肠的肠衣。

（五）血

血含有丰富的血浆蛋白质、糖类、脂肪、矿物质、维生素、微量元素、酶和激素等，每 100 mL 血液中含有血红蛋白 11.6 g，是一种营养资源，可制作脱纤血培养基，屠宰取的血可食用或制血粉等。

（六）肝

肝可制成肝粉、肝浸膏及肝精注射液等药剂。肝中含维生素 B_{12} 和 23% 的铁蛋白，适合于制取抗贫血药剂。维生素 B_{12} 对血红蛋白的合成有刺激作用，能提高铁的吸收。此外，肝中还含大量的维生素 A、泛酸、生物素、胆碱、维生素 B_1、维生素 B_6（表1-5）等。

（七）胆

主要利用胆汁中的胆汁酸和胆固醇，由胆汁制取的胆红素和胆绿素是人造牛黄的原料。胆汁制剂主要有辅助治疗消化道病和肝病的功效。

表 1-5 羊主要内脏每 100 g 的营养物质含量

内脏	水分(g)	蛋白质(g)	脂肪(g)	碳水化合物(g)	钙(mg)	磷(mg)	铁(mg)	维生素A(IU)	维生素B_1(mg)	维生素C(mg)	维生素D_3(mg)
肝	68	18.5	7.2	4.0	9	414	6.6	29 000	0.42	18.9	—
肺	76	20	2.8	0.9	17	66	9.3	—	0.03	—	0.45
胃	84	7.1	7.2	0.9	34	98	1.4	—	0.03	—	0.21
肾	78.8	16.5	32	0.2	48	279	11.7	140	0.49	7.0	1.78

（八）胰脏

胰脏含调节机体糖代谢的胰岛素。由于胰液中含胰酶，动物死后胰酶具有破坏胰岛素的作用，因此，胰腺必须在屠宰后迅速采摘和加工处理，以保证胰酶的生物效应不降低。

（九）胃

胃黏膜是制取胃蛋白酶的原料。胃蛋白酶能使蛋白质在酸性介质中分解为多肽。胃蛋白酶的作用特点取决于介质的 pH，消化作用的最适 pH 1.5～2.5。胃的营养物质含量见表 1-5。

（十）其他

如脑垂体、甲状腺、肾上腺、性腺等腺体也有利用价值，可制取各种激素，用于医疗。

此外，羊粪含水量低，碳氮比值宽，氮的释放比较缓慢，肥效高且久，是一种优质有机肥资源。规模化养羊可考虑建设配套的有机肥料加工厂。

第二章
品种特征和特性

一、外貌特征

崇明白山羊体型中等偏小。全身毛色洁白，被毛紧密、柔软，富有光泽、韧性和弹性，属粗毛类型。公羊颈背和胸部被有长毛，公羊额毛较长。皮肤呈白色。头较长直，呈三角形，额突出，面微凹，鼻梁平直，耳直立、灵活且向外上方伸展，眼大、突出、有神。公、母羊均有角，向后上方、外倾斜，呈倒"八"字形，公羊角粗大，母羊角细短。公、母羊颌部均有长须，部分有肉垂。公羊背腰平直，前胸较发达，后躯较窄；母羊背腰微凹，前胸较窄，后躯较宽深。蹄壳坚实，呈乳黄色。尾短而上翘。乳房发育良好。母羊性情温顺，公羊好斗。

二、繁殖特性

崇明白山羊具有早熟多羔的特点，公、母羊一般 4～5 月龄即性成熟。母羊一年四季均可发情，尤以春、秋季发情居多。传统零星养殖的初配年龄，公羊 8～9 月龄，母羊 7～8 月龄；现代规模养殖的适配年龄多延后，年龄和体重均达标以后进行，公羊大于 15 月龄、体重 25 kg 以上，母羊 10 月龄、体重 15 kg 以上；发情周期平均 18 天，发情持续期 48～60 h，配种适期为发情开始后 20～24 h，妊娠期为 140～150 天，平均妊娠期为 145 天。

多数经产母羊 2 年产 3 胎，每胎产双羔居多，也有 1 胎产 3～4 羔的。据测定，85 头初产母羊的平均每胎产羔数为 1.99 头±0.07 头；75 头第 2 胎母羊平均每胎产羔 2.27 头±0.08 头；73 头第 3 胎及以上母羊平均每胎产羔 2.41 头±0.09 头，尤以 3～5 胎的经产母羊繁殖率最高。

崇明白山羊种羊的使用年限较长,公羊为 4～6 年,母羊为 7～8 年。

三、遗传特性

研究长江中下游流域的 6 个山羊品种(成都灰山羊、川东白山羊、板角山羊、毛头山羊、槐山羊和长江三角洲白山羊)的扩增片段长度多态性(AFLP),其结果显示四川的川东白山羊和长江三角洲白山羊的遗传距离关系最近。这种结果与预期的地理位置关系不符,有可能是基因流动或某种没被记载的品种迁移所造成。郑佩培等利用 ISSR 分子标记对崇明白山羊的 3 个群体及黄淮山羊群体进行遗传多样性分析,结果显示崇明白山羊的多态位点百分率(PPB)为 42.18%、多样性信息指数(Ho)为 0.208 5、Nei's 基因多样度为 0.137 3,而对照的黄淮山羊的这三个指标分别是 31.97%、0.144 8 和 0.094 9,这表明崇明白山羊的遗传多样性较为丰富,而崇明白山羊的各群体间遗传差异较小,其遗传稳定性也较高。

四、生长发育特性

崇明白山羊个体较小,早期生长较慢。据测定,一般饲养条件下,崇明白山羊羔羊的初生重分别为 1.30 kg±0.22 kg(公)和 1.12 kg±0.17 kg(母);2 月龄断奶重分别为 4.86 kg±0.88 kg(公)和 4.45 kg±0.62 kg(母);6 月龄体重分别为 11.06 kg±1.86 kg(公)和 9.84 kg±1.32 kg(母);12 月龄体重分别为 17.7 kg±2.98 kg(公)和 16.8 kg±2.16 kg(母);成年公羊(18 月龄)为 36.00 kg±2.97 kg,成年母羊(18 月龄)为 26.62 kg±5.83 kg;周岁体重占成年体重的 52.4%～68.5%(表 2－1、表 2－2、表 2－3)。

表 2－1　不同年份的崇明白山羊青年羊体重、体尺

年份	青 年 公 羊				青 年 母 羊			
	体长 (cm)	体高 (cm)	胸围 (cm)	体重 (kg)	体长 (cm)	体高 (cm)	胸围 (cm)	体重 (kg)
1993	55.86	55	64.2	20.75	51.7	46.48	57.96	14.68
1994	57.37	53.71	65.58	21.04	54.85	45.9	59.4	16.33
1995	64.25	57.92	68.67	23.63	55.27	48.63	64.89	19.78
2015	63.47	56.83	70.05	21.5	58.69	52.12	59.46	16.61

表 2-2　不同年份的崇明白山羊成年羊体重、体尺

年份	成 年 公 羊				成 年 母 羊			
	体长（cm）	体高（cm）	胸围（cm）	体重（kg）	体长（cm）	体高（cm）	胸围（cm）	体重（kg）
1993	62.00	56.00	73.00	29.67	55.39	50.71	57.96	20.72
1994	69.83	62.17	77.50	34.33	61.50	51.10	68.32	24.76
1995	78.67	57.67	80.67	36.00	69.90	53.39	70.78	26.62
2015	68.88	56.25	80.75	36.50	56.21	52.14	68.29	22.39

表 2-3　崇明白山羊与其他长江三角洲白山羊成年羊体重、体尺的比较

品种名称	公 羊				母 羊			
	体长（cm）	身高（cm）	胸围（cm）	体重（kg）	体长（cm）	身高（cm）	胸围（cm）	体重（kg）
崇明白山羊	68.88	56.25	80.75	36.50	56.21	52.14	68.29	23.5
嘉北山羊	79.00	66.10	88.00	40.00	79.00	57.30	79.90	30.80
海门山羊	65.40	62.30	80.90	35.90	52.10	58.40	62.20	20.00

注：海门山羊数据来自于《中国畜禽遗传资源志·羊志》，2006 年 12 月海门种羊场。

　　崇明白山羊的生长速度较杂交羊慢，经测定，纯种崇明白山羊的体尺（包括体高、体长和胸围）都显著低于相应的杂交羊（表 2-4、表2-5）。

表 2-4　纯种崇明白山羊及其杂交羊各阶段体重与日增重

组别	性别	头数	初生重（kg）	2月龄体重（kg）	6月龄体重（kg）	12月龄体重（kg）	0~6月龄日增重(g)	6~12月龄日增重(g)
崇×崇	公	10	1.30±0.22	4.86±0.88	11.06±1.86	17.7±2.98	54.2	36.8
	母	10	1.12±0.17	4.45±0.62	9.84±1.32	16.8±2.16	48.4	38.6
萨×崇	公	10	2.82±0.45	6.88±1.57	15.25±3.11	24.55±4.87	69.0	51.6
	母	10	2.48±0.36	6.34±1.36	13.38±2.64	22.32±3.72	60.5	50.0
波×萨×崇	公	10	3.28±0.62	9.05±2.64	19.05±4.65	28.94±6.32	87.6	54.9
	母	10	2.86±0.54	8.01±2.32	16.14±3.88	25.52±5.46	73.7	52.1

表 2 - 5 纯种及杂交崇明白山羊各阶段体尺比较

组 别	月龄	测定数 公/母	体高(cm)		体长(cm)		胸围(cm)	
			公	母	公	母	公	母
波×萨×崇	2	10/10	37.45±3.44	33.21±3.08	39.73±4.26	35.36±3.22	43.48±4.11	39.64±4.02
	6	10/10	48.31±4.78	42.42±4.24	51.44±5.14	45.67±4.56	58.86±5.25	51.37±4.85
	12	10/10	61.64±5.86	56.38±5.32	68.27±6.28	62.52±5.54	73.72±6.11	68.74±5.92
萨×崇	2	10/10	38.11±3.02	34.27±2.86	40.85±4.03	36.47±3.27	42.04±4.08	38.52±3.78
	6	10/10	50.47±4.85	44.35±4.12	53.52±4.78	47.64±4.25	55.62±5.14	49.81±4.85
	12	10/10	63.36±6.02	58.64±5.52	69.63±6.24	64.48±5.88	71.47±6.26	66.86±6.12
崇×崇	2	10/10	28.42±2.24	25.14±2.06	30.56±2.78	27.41±2.52	32.48±3.42	29.66±3.17
	6	10/10	38.57±3.21	33.42±3.38	41.62±4.25	36.48±3.76	44.74±4.62	39.35±4.11
	12	10/10	55.76±5.45	50.56±5.02	60.47±6.18	54.38±5.52	63.55±6.31	56.64±5.44

崇明县畜牧部门于 20 世纪 90 年代开展了本品种选育,到 1995年,青年公、母羊平均体重达 23.63 kg 和 19.78 kg(表 2-1),成年公、母羊平均体重达 36 kg 和 26.62 kg(表 2-2),比 1992 年分别增长 35.3、39.5、31.5 和 34 个百分点。各类羊体尺都有较大的提高。

据 2015 年测定:成年公、母羊平均体重分别为 36.5 kg 和 22.39 kg;平均体长分别为 68.88 cm 和 56.21 cm;平均体高分别为 56.25 cm 和 52.14 cm;平均胸围分别为 80.9 cm 和 62.2 cm。

五、生产性能

(一) 产肉性能

崇明白山羊体型小,屠宰率和净肉率不高,产肉量少,但肉质好。小公羊阉割育肥后屠宰率,带皮的为 54.9%,去皮的为 41% 左右。崇明白山羊羊肉经农业部"农产品质量监督检验测试中心"测定,其蛋白质含量大于 10.4,脂肪含量大于 5.2,挥发性盐基氮小于 15 mg/100 g,肉质细腻,味道鲜美,肥而不膻。

1. 不同养殖模式对山羊生长性状及肉质性状的影响

不同养殖模式(圈养和半舍饲半放牧)对山羊生长性状及肉质性状的影响结果见表 2-6。结果显示,仅有宰前活重、肉色 L、肉色 a 和肉色 b 等性状在两种不同饲养模式山羊中存在显著差异($P < 0.05$),其余各性状均不存在显著差异。半舍饲半放牧组山羊的宰前活重显著高于舍饲组,肉色 L(亮度)、肉色 a(红度)和肉色 b(黄度)均优于舍饲组,半舍饲半放牧组山羊肉更加鲜红、饱满,说明半舍饲半放牧组山羊肉的外观色泽更好。对于 pH,由于部分 pH1 结果丢失了,所以只列出 pH2～pH4,两种养殖模式的 pH2～pH4 无显著差异。

表 2-6　不同养殖模式试验羊的生长性状及肉质性状

性　状	圈　养	半舍饲
宰前活重(kg)	29.43±0.89[a]	33.92±2.96[b]
胴体重(kg)	16.54±1.07[a]	17.57±1.53[a]
心重(g)	153.17±24.11[a]	169.17±31.21[a]
肝重(g)	604.97±86.28[a]	585.83±72.21[a]
肾重(g)	76.27±6.33[a]	85.83±14.63[a]

性　状	圈　养	半舍饲
脾重（g）	42.13±6.73[a]	46.67±6.83[a]
肉色 L	29.68±2.48[a]	39.48±1.57[b]
肉色 a	8.62±2.04[a]	14.68±0.99[b]
肉色 b	7.96±2.81[a]	12.12±0.95[b]
眼肌面积（cm²）	10.88±2.82[a]	10.78±0.9[a]
背膘厚（cm）	0.21±0.04[a]	0.19±0.09[a]
pH2～pH4	5.44±0.21[a]	5.33±0.15[a]
肌肉嫩度	12.04±1.98[a]	9.63±2.07[a]
左侧肋骨数	13.17±0.41[a]	13±0[a]
右侧肋骨数	13.17±0.41[a]	13±0[a]

注：同行肩标字母相同者表示差异不显著（$P > 0.05$），字母不同者表示差异极显著（$P < 0.01$）。

2. 养殖模式对山羊肉蛋白质、氨基酸含量的影响

养殖模式对羊肉蛋白质、氨基酸含量的影响见表 2-7。由表可知，两种养殖模式的羊肉中均检出 16 种氨基酸，且两种模式的氨基酸均差异不显著。此外，两种养殖模式中的必需氨基酸、总氨基酸也都差异不显著。鲜味氨基酸（天冬氨酸、丝氨酸、谷氨酸、甘氨酸、丙氨酸、异亮氨酸、亮氨酸、脯氨酸）是影响羊肉风味的氨基酸或者前体氨基酸，而两种养殖模式的羊肉的鲜味氨基酸也无差异。

表 2-7　不同养殖模式试验羊羊肉的氨基酸含量

氨基酸名称	圈　养 （g/100 g 肉样）	半舍饲 （g/100 g 肉样）
天冬氨酸	1.68±0.12	1.64±0.67
苏氨酸	0.88±0.60	0.85±0.36
丝氨酸	0.75±0.43	0.73±0.32
谷氨酸	2.62±0.17	2.58±0.12
甘氨酸	0.90±0.04	0.90±0.50
丙氨酸	1.13±0.06	1.11±0.04
缬氨酸	0.85±0.06	0.81±0.03

（续表）

氨基酸名称	圈 养 (g/100 g 肉样)	半舍饲 (g/100 g 肉样)
蛋氨酸	0.52±0.04	0.5±0.02
异亮氨酸	0.81±0.06	0.77±0.04
亮氨酸	1.67±0.12	1.62±0.64
酪氨酸	0.68±0.05	0.65±0.03
苯丙氨酸	0.78±0.06	0.75±0.03
赖氨酸	1.48±0.1	1.44±0.06
组氨酸	0.63±0.07	0.62±0.05
精氨酸	1.23±0.09	1.19±0.06
脯氨酸	0.52±0.02	0.56±0.12
必需氨基酸	6.99±0.50	6.74±0.28
鲜味氨基酸	10.08±0.61	9.93±0.47
总氨基酸	17.13±1.14	16.77±0.74

（二）产毛性能

崇明白山羊所产笔料毛，主要是当年公羔颈部和鬐甲部产的长而粗的领鬃毛，挺直、有锋、富有弹性，是制作湖笔、油画笔及精密仪器刷子的优质原料，其中以三类毛中的细光锋最为名贵。

六、生活习性

崇明白山羊具有其他山羊固有的习性特点。一是性情活泼，行动敏捷，喜欢游走，善于登高，故舍饲山羊的栅栏要高而密，以防串圈；二是嘴尖、唇薄、齿锐，采食饲料的范围比其他家畜广泛。各种牧草、农作物秸秆及粮食副产品、幼嫩的树枝树叶都喜欢吃，能啃草根、树皮，故山羊放牧常破坏树木，易感寄生虫病；三是喜干厌湿，爱洁怕脏。舍饲山羊要建高床式漏缝地板，有利羔羊成活，生长发育增重快；四是神经敏锐，胆大勇敢，争强好斗，容易领会人的意图，便于调教训练，并形成条件反射行为。

第三章
保种与改良

一、本品种选育

本品种选育是地方优良品种的一种繁育方式，它是通过品种内的选优汰劣、加以合理的选配和科学的培育等手段，以达到提高品种整体质量的目的。崇明白山羊具有适应性强、繁殖率高、肉质鲜美等优点，但也存在个体小、生长速度慢等地方品种固有的缺陷。因而选择提高的潜力较大。只要坚持不懈地进行本品种选育，品种质量就会得到提高和完善。本品种选育的基本做法主要是以下几个方面。

（一）选组育种核心群

核心群的基本任务是为本品种选育提供优质种羊，主要是种公羊。具体做法如下。

第一，首先在选育区内对现存种羊群的血缘进行分析，将生产性能相对较低或产活头数比较少的公、母羊转入扩繁群；然后对已有的繁殖及生产性能等测定数据进行分析，根据生产性能的高低或选择指数进行排序，在保证血缘的前提下，将繁殖性能好、生长速度快、体型外貌符合品种要求的种羊选入育种核心群，即进入核心群的羊只必须是该品种最优秀的个体。

第二，在选育区内严格淘汰劣质种羊，杜绝不合格的种羊进入生产群，为提高优质种公羊利用率，可适度采用人工授精等繁育技术，尽可能地扩大其利用率。

崇明白山羊保种场在对历年积累的各种资料（生产性能、胴体品质测定、遗传疾病调查）进行分析研究的基础上，对全场 6 个血统的 28 头公羊、350 头母羊逐头进行鉴定，选出繁殖性能好（2～4 胎次每胎窝产活数 2 头以上)、后裔生长快、外貌特征符合崇明白山羊品种特点、无严重遗传疾患的公羊 25 头(其中 1 号线 2 头、2 号线 5 头、3 号线 1 头、4 号线 2 头、5 号线 3 头、6 号线 3 头),经产母羊 105 头,作为选育核心群。

第三,建立 6 个家系(血统)。各血统按其不同的来源而定:

甲系,即 1 号线:新村血统,公羊来源于新村乡,前额有一旋毛窝。

乙系,即 2 号线:庙镇血统,公羊来源于庙镇,前额有一旋毛窝。

丙系,即 3 号线:建设血统,公羊来源于建设镇。

丁系,即 4 号线:堡镇血统,公羊来源于堡镇。

戊系,即 5 号线:向化血统,公羊来源于向化镇。

己系,即 6 号线:陈家镇血统,公羊来源于陈家镇,前额有一旋毛窝。

(二)制定种羊鉴定评判标准

崇明县动物疫控中心与上海市动物疫控中心联合于 2012 年开始崇明白山羊地方标准的制定,开展崇明白山羊体重、体尺的测定和屠宰测定,并与档案资料进行比对,于 2014 年 9 月公布实施。该标准从原产地、品种特性、体型外貌、体重体尺、产肉性能、产毛性能、繁殖性能等方面对崇明白山羊作了明确的定义,也是开展崇明白山羊判定的依据之一。

第一条 开展鉴定崇明白山羊工作之前,详细查阅该羊档案资料,如遇系谱不清、配种和产羔情况不明的则不予鉴定,按杂交羊处理。

第二条 外貌鉴定。被毛纯白,不得混有杂毛,毛短而有光泽,公羊颈部毛长而粗。公、母羊头均较长直,额部有长须,部分有肉垂,公、母羊均有角。公羊角粗长,向后外倾斜,母羊角细短,均呈倒"八"字形。母羊乳头小,2 个。耳小、直立、灵活向外上方伸展,额突出,鼻梁平直,眼大突出有神,体躯狭窄,背腰平直,四肢较短且粗壮有力。

第三条 崇明白山羊各阶段体重、体尺指数见表 3-1。

表 3-1 崇明白山羊各阶段体重、体尺指数

阶段	公 羊				母 羊			
	体重 (kg)	体高 (cm)	体长 (cm)	胸围 (cm)	体重 (kg)	体高 (cm)	体长 (cm)	胸围 (cm)
初生	1.71± 0.24	26.30± 2.05	27.27± 2.19	30.70± 2.12	1.70± 0.19	25.60± 1.76	27.09± 1.7	30.09± 1.69

（续表）

阶段	公 羊				母 羊			
	体重 (kg)	体高 (cm)	体长 (cm)	胸围 (cm)	体重 (kg)	体高 (cm)	体长 (cm)	胸围 (cm)
断乳	7.5± 1.95	39.55± 3.80	47.73± 5.34	50.36± 5.09	7.01± 1.53	37.43± 1.93	43.73± 3.05	50.68± 4.48
周岁	21.5± 4.16	56.83± 4.88	63.47± 5.17	62.05± 8.29	16.61± 2.86	52.12± 4.08	58.69± 6.03	51.46± 10.69
成年	30± 2.55	56.25± 2.49	68.88± 2.15	73.75± 3.96	22.39± 3.47	52.14± 3.56	58.21± 2.7	63.28± 6.37

第四条 性成熟后有较明显的发情表现，可见摇头、鸣叫、互相爬跨等征状。

第五条 母羊产羔数一般 2 头及以上，单羔者不作为种羊入选。

（三）拟订选育方案

严格按照本品种标准，分阶段（一般以 5 年为一个阶段）制定科学合理的选育目标和任务，然后根据不同阶段的选育目标和任务拟订切实可行的选育方案。选育方案是指导选育工作实施的依据，其基本内容包括：种羊选择标准和选留方法、选种选配方法、羔羊培育方法、羊群饲养管理制度、生产经营制度以及种羊调剂办法等。

（四）血液更新

当本品种在繁育生产进程中出现下列情况，必须从选育区外引进同品种的优秀公羊替换原羊群中使用的公羊，进行血液更新。

一是当羊群群体规模较小，或长期闭锁繁殖，已出现因近亲繁殖而产生近交危害。

二是当羊群的整体生产性能达到一定水平，性状选择差变小，靠自身现有的公羊难以再提高。

三是当羊群引入到一个新的环境，经若干年繁育后，在生产性能或体质外形等方面出现某些退化。

（五）选育效果

通过种羊场保种核心群实施一系列的选育选配措施，强化核心群体各项生产指标。2016 年保种羊场对成年公、母羊体重、体尺测定结果表明：成年公、母羊体重、体长、胸围比1995有一定程度下降，但与崇明白山羊标准体重、体长、胸围比较接近（公羊为 23.24～31.56 kg、67.4～77.4 cm、69.7～80.3 cm，母羊为 17.93～25.27 kg、56.3～64.1 cm、58.6～68.4 cm）。也表明崇明白山羊前阶段注重体重、体长等指标的选育，近几年则注重体重、体长的回归，其他如体高等指标基本稳定（表3-2）。

表3-2　不同年份的崇明白山羊体重、体尺对比

性　别	2016 年平均值				1995 年平均值			
	体重（kg）	体长（cm）	体高（cm）	胸围（cm）	体重（kg）	体长（cm）	体高（cm）	胸围（cm）
成年公羊	30	68.88	56.25	73.75	36.0	78.7	57.7	80.7
成年母羊	22.4	58.21	52.14	63.28	26.6	69.9	53.4	70.8

二、建立繁育体系

崇明白山羊的繁育体系建设按下列原则规划实施：

第一，根据《2012 年度上海市种羊场考核验收标准》要求，三代内无血缘关系的家系 6 个，公羊 25 头以上，母羊 250 头以上，体系建设目标建立并保持崇明白山羊公羊 25 头，基础母羊 300 头，血统 6 个。

第二，保种场采取全部繁殖母羊纯繁的繁育制度，每年纯繁产生的后备种羊除满足种群的更新外，母羊全部提供给扩繁场，公羊阉割后育肥。

第三，繁殖母羊中选 100 头母羊采用人工授精，其余 200 头母羊采用本交。

第四，应用现代数量遗传学原理，采取个体、家系、后裔综合性能测定方法，实现崇明白山羊的选育目标。

同时根据崇明白山羊产业发展的规划，今后在崇明白山羊产业化发展过程中将建立 1 个原种场＋1 个育种场＋X 扩繁场＋Y 肉羊场的生产格局，以进一步扩大产业规模。

三、保种措施

（一）保种目的

开展崇明白山羊保种的目的就是保存白山羊种质资源基因库，并通过品系的选育和扩繁群的选育，进一步提高其生产性能，并为开展杂交生产提供母本及育种工作提供素材，保障养羊业可持续发展。

（二）保种方法

地方品种资源保护以群体遗传学理论为基础，尽量控制群体近交增量为原则，采用家系等量留种法来增大群体有效含量，在核心群内实现6个家系（血统）小群闭锁繁育，以发展各个家系的优点，改进其缺点，整体提高猪群质量。同时通过有计划选育，在保持崇明白山羊现有的适应性强、繁殖性能好、肉质鲜美等优良性状的同时，提高其个体重和生长速度，使其更能适应市场的需要。

此外，依靠科技创新，如采用冷冻精液、人工授精和胚胎工程相结合的方法进行保种。有条件可采用分子遗传标记辅助保种方法，利用在染色体上已知位置的分子遗传标记来确定后代留种，同时对保种的基因进行跟踪，以实现保存群体中所有的优良基因的目的。

保种是一个费时、费力、花费巨大且回报并不确定的工作，但生物物种的保护是各级政府义不容辞的职责。根据《中华人民共和国畜牧法》和《畜禽遗传资源保种场保护区和基因管理办法》等有关规定，务必做好以下工作。

1. 建立保种基地

1993年建立的上海市崇明种羊场（前身是崇明东平林场羊场），2009年迁往三星镇育德村养殖小区，2015年全新的崇明白山羊保种基地在三星镇育德村建成并投入使用，是专门从事崇明白山羊品种选育、保种、良种推广和技术研究的市级畜禽资源保种场。

2. 设立专项保护与开发基金

以当地政府投入为主，并吸引企业、个人和社会资金有序参与，逐步建立健全保护开发管理体系和运行机制，确保崇明白山羊品种资源保护与开发能深入持久地进行下去，使之发展成为具有市场竞争力的特色产品和优势产业。

3. 采用积极的保种方法

1）保种与选育相结合：保种主要为发展未来畜禽品种提供部分素材，也为当前杂交利用提供杂交用母本，所以保种不是原封不动地保，而是要保存已知优良性状的基因或基因组合，实行动态保种，保种与选育相结合，选育措施和保种措施统一兼容，从选育提高生产性能中得到效益，有利于保种任务的完成。

2）保种与杂交利用相结合：保种工作的意义十分重要，但缺乏近期经济效益，又需要不断地投入，因此保种场既要考虑有效的保种方法，又要考虑增收节支。必须使保种与经济杂交相结合，通过建立杂交繁育体系，把崇明白山羊作为杂交的原始母本，建立核心群，提供适需杂交母本，从而确保崇明白山羊在杂交商品肉羊生产中的优势地位。

3）拟订保种方案：从 2009 年以来，崇明白山羊保种责任主体根据年度保种目标，结合上一年度的生产实际，有针对性地提出阶段性保种方案，明确阶段任务及工作要求，现将"崇明白山羊 2014～2018 年保种方案"摘录如下。

崇明白山羊 2014～2018 年保种方案

崇明白山羊属长江三角洲白山羊，是在崇明岛特定的水土条件和绿色生态条件下经长期选育而形成的一个优良地方品种，其适应性强，繁殖率高，肉质细腻，味美而不膻，具热身怯寒、滋阴壮阳等功效，深受人们喜爱，是优秀地方品种之一，也是崇明县国家现代农业示范区四大主导产业之一。崇明白山羊已于 2007 年取得商标注册，2009 年列入《上海市畜禽遗传资源保护名录》。为充分保护利用好这一种质资源，特制定本保种方案。

一、品种概况

1. 原产地

崇明白山羊属长江三角洲白山羊，原产地为上海市崇明县。

2. 主要特征特性

适应性好，抗病强，耐粗饲。全身被毛纯白，体型中等偏小，体躯较狭窄，四肢短小结实，尾小直立，乳头小、2 个。头部较长直，额部突出，鼻梁平直，耳小直立，向外上方伸展。公羊角粗长并向后外倾斜，母羊角细短，均呈倒"八"字形。公羊颈部所产的毛挺直有峰，富有弹性，是优等的制笔原料。崇明白山羊繁殖率高,初产母羊产羔率为 200％ 左右,3 胎及以上母羊产羔率可达 230％ 以上。

3. 保种现状

崇明县动物疫病预防控制中心和上海三育白山羊专业合作社联合承担崇明白山羊保种工作,保种地点位于三星镇育德村,现有羊舍约 730 m² ,目前保种场内存栏白山羊 510 头,其中核心群有公羊 25 头,6 个家系,基础母羊 255 头。

为加强对白山羊保种工作的管理,推动保种工作有计划开展,中心指派 5 名中高级职称的科技人员负责保种工作,并有 1 名硕士生常驻保种场负责羊场日常工作。

同时为加强保种场管理,中心分别制订了人员岗位责任制、饲养管理制度、选种选配方案、种羊淘汰标准等一系列规章制度,从各方面规范保种行为。经过几年的努力,崇明白山羊群体数量、质量均有了较大提升。为更好地适应保种工作,准备在三星镇新建保种基地,届时崇明白山羊的保种工作将实现机械化、自动化、信息化管理模式。

二、保种目标

1. 原则

保存崇明白山羊种质资源基因库,保持崇明白山羊高产、优质的品种特征特性。

2. 数量

保种核心群公羊 25 头以上,母羊 250 头以上,三代以内无血缘关系的公羊家系数 6 个以上,核心群公羊年更新率 35％,母羊 25％。

3. 性状目标

(1)符合崇明白山羊外貌特征

全身被毛纯白,体型中等偏小,体躯较狭窄,四肢短小结实,尾小直立,乳头小,2 个。头部较长直,额部突出,鼻梁平直,耳小直立,向外上方伸展。公羊角粗长并向后外倾斜,母羊角细短,均呈倒"八"字形。

(2)符合崇明白山羊不同胎次繁殖性能

母羊常年发情,发情多集中于春、秋季,发情持续期 2～3 天,妊娠期 145～150 天。初产母羊产羔率 192％～206％,2 胎母羊产羔率 199％～215％,3 胎及以上经产母羊产羔率 232％～250％。

(3)符合崇明白山羊各阶段的生长指标

4. 留种目标

每年核心群纯繁数量 330 胎以上,选留 10 月龄后备公羊 25 头以上,后备母羊 120 头以上。

三、实施年限

以 5 年为一保种周期,本方案实施年限为 2014～2018 年。

四、保种方法

1. 选配

采取家系等量留种方式,执行"以父定家系,系间单向循环选配"的原则。6 个家系公、母羊的分布上力求平衡,重点是力求每个家系公羊数量不减少,不让公羊断线,尽量做到多留精选,提高公羊质量。

母羊 10 月龄后开始配种,利用年限大致 4 年,共计生产 6 胎,从第 2 胎开始被评定为优良以上的可作纯繁留种。

2. 留种

基础群母羊 250 头全部纯繁,留种后代分 4 个阶段选留。

(1) 2 月龄(断奶)选留目标:一是外貌特征符合本品种特征,二是同胞双羔及以上的列为合格。

(2) 6 月龄选留目标:一是外貌特征符合本品种特征,二是母羊体重达到 10 kg、公羊体重达到 12 kg。

(3) 10 月龄选留目标:符合初配条件的列为合格。

(4) 12 月龄选留目标:体重体尺符合种用要求,母羊初配成功、公羊精液鉴定合格。

每年从符合种用标准的优秀后备公羊 25 头、后备母羊 120 头中,公羊按 3∶1 选留,母羊按 2∶1 选留。

3. 测定

场内主要测定初生重,断奶个体重,6 月龄后备种羊体重、体尺等,12 月龄、18 月龄种羊体重、体尺等。

每年每个家系选择 3 公(其中 2 头为去势公羊)和 2 母进行生产性能测定,并按一定比例进行屠宰测定和肉质测定。

四、杂交改良

杂交繁育可以将不同品种的特性结合在一起,创造出亲代原不具备的表型特征,并且能提高后代的生产力,杂交方法有级进杂交、育成杂交、经济杂交和导入杂交等。因此,杂交繁育就是利用杂种优势来改良低产品种或育成新品种。

(一)经济杂交

当一个品种基本上符合生产需要,但还存在某些缺点,而用纯繁方法不易克服时,或者是用纯繁难以提高品种质量时,可采用导入杂交的方法。对崇明白山羊的杂交改良一般是通过品种间的杂交获取杂种优势,即以经济杂交为主要方式。

经济杂交是不同品种(或品种类群或专门化品系)的公、母羊进行交配的一种繁育方法,其目的在于利用杂种优势(如繁殖力、产肉力、抗病力以及生长速度等)生产比纯种羊更多的畜产品,而不是为了生产种羊。在肉羊生产中常用的杂交方式有:

1. 简单经济杂交

即二元杂交。指两个品种(品种类群或专门化品系)公、母羊进行的杂交。例如,以崇明白山羊为母本、波尔山羊为父本的杂交,获得第一代杂种,其产生的公羔作为育肥生产用,母羔则继续用公羊进行杂交,产生杂种二代、三代等。

2. 复杂经济杂交

即三元杂交。指3个品种公、母羊间进行的杂交。其杂交程序是先用1个父本品种和母羊进行杂交,杂种公羊全部育肥,杂种母羊和另1个品种的公羊进行杂交,生产出的杂种羊全部用于育肥。例如,以崇明白山羊为母本与萨能山羊为父本杂交,从一代杂种中择优选出优良母羊同波尔山羊的公羊交配,新构成的三元杂交组合,比简单经济杂交效果更好,但这种杂种优势不能遗传,仅供商品生产用,故广泛地应用于肉羊生产。

在肉羊生产中,并非杂交就可以产生杂种优势,为此要将生长发育快、体型大、饲料利用率高、产肉性能和胴体品质好的公羊作为杂交用的父本;将适应性好、繁殖率高的品种作为杂交用的母本。根据有关的试验资料得知,通过经济杂交所产生的杂种优势率:产羔率提高了20%～30%,增重率提高了20%,羔羊成活率提高了40%;产肉量2个品种杂交提高12%,到4个品种时每增加1个品种可提高8%～20%。杂种优势率大小取决于以下几方面:一是品种的纯度要高,二是品种的性状要优良,三是父本和母本的差异要大,四是要有良好的饲养管理环境。

（二）引入品种及其杂交改良

1. 萨能山羊

萨能山羊原产于瑞士，是世界著名的奶山羊品种。萨能山羊引入我国有 90 多年的历史。崇明现有的萨能山羊大多来自陕西关中地区，属于萨能山羊的高代杂种。

（1）外貌特征　萨能山羊具有乳用家畜特有的楔形体形，结构匀称，体质结实，轮廓明显，细致紧凑，鼻直，口方，眼大，耳长而直立，体长，腿长，有髯。公羊头大颈粗，胸宽背平，外形雄伟，睾丸发育良好；母羊颈长，胸宽，背腰平直，腹大而不垂，后躯发达，多为斜尻，乳房基部宽大呈圆形，乳头对称，大小适中。公、母羊四肢结实，肢势端正，被毛白色。部分羊头部、耳、鼻、唇、乳房等皮肤有黑斑，大多数羊无角，有的有肉垂。

（2）生长发育　成年公羊体重为 75～80 kg，成年母羊体重为 45～50 kg。萨能山羊周岁前生长较快。1 月龄日增重可达 180 g。2 月龄日增重降为 100 g。3～4 月龄，由于消化系统的发育，采食能力增强，饲料消化吸收率提高，4 月龄公羊体重可达 24～26 kg，母羊体重达 24～25 kg。到 8 月龄，公、母羊体重分别达 44 kg 和 34 kg。1 岁以后生长速度变慢，但仍能维持生长。

（3）产肉性能　据测定，未经育肥的中上膘情的老龄母羊屠宰率平均为 49.7%，周岁去势公羊的屠宰率平均为 52%。

（4）繁殖性能　萨能山羊性成熟早，繁殖率高，母羊初情和公羊性成熟一般在 4～5 月龄，公羊最早在 90～100 日龄出现成熟精子，母羊60～70 日龄能首次受胎。发情季节为每年 8 月至翌年 2 月，9～11 月发情率高。公、母羊多在 8～10 月龄配种，母羊发情周期 21 天(17～24天)，发情持续期 28.5 h(16～40 h)，排卵时间在发情后 30 h，妊娠期约150 天。萨能山羊的产羔率，第 1 胎 144%，第 2 胎 190%，第 3～5 胎超过 200%。种羊利用 6～7 年。

（5）杂交改良效果　萨能山羊对崇明白山羊的体型、生长速度、产肉和产奶性能等均有十分明显的改良效果。具体表现在：

1）生长加快，体重增加：据调查，杂交羊初生重 2～2.5 kg，比崇明本地羊提高 40%；2 月龄体重 8.2～9.5 kg，提高 35%～40%；6 月龄体重 18～20 kg，提高 60%；1 周岁体重 25～30 kg，提高 50%；成年杂交公羊体重 55 kg,比本地羊提高 57%;杂交母羊体重比本地羊提高 25%～35%。

2)乳房变大,乳量增加:本地母羊一般乳房小、产乳量低,日产乳 0.5～1 kg。通过杂交改良,乳房明显增大、呈梨形,产乳量成倍增加,杂交母羊最高日产乳量 4.5 kg,产乳期延长至 200 天以上,有助于羔羊能吃足奶水,早期生长加快,成熟提早,对羔羊培育非常有利。

3)屠宰率提高:萨能羊与崇明本地羊一代杂种的屠宰率达 51%,比本地羊提高 10.6%,熟肉率为 84.7%。

2. 波尔山羊

波尔山羊原产于南非,是世界著名的肉用山羊品种。它体型大,生长快,繁殖率高、产羔多,屠宰率高,肉质较细嫩、适口性好,耐粗饲,抗病力强和遗传性稳定等。

(1)外貌特征 波尔山羊具有良好的肉用体形,体躯呈长方形,背宽而平直,后躯发育良好,肌肉丰满。颈部粗壮,肩宽肉厚,体躯宽而深厚,背部宽阔平直,四肢短而粗壮。公羊角基宽大,向后、向外弯曲;母羊角细而直立,耳长而大,宽阔下垂。全身皮肤松软,颈部和胸部有很多皱褶,全身毛短而细;全身毛白色,头、耳毛棕色,在额中至鼻端有一条白色毛带,部分羊有棕色斑。波尔山羊的毛色能稳定遗传,杂种后代的毛色偏向波尔山羊。

(2)主要生产性能

1)体重与生长速度:初生重较大,公羔平均为 4.0 kg,最大的 6.5 kg;母羔平均为 3.6 kg,最大的 6.9 kg。100 日龄体重,公羔 36.5 kg,母羔 29.2 kg。成年公羊体重,新西兰系公羊为 145 kg,母羊为 90 kg;加拿大系 105～135 kg,母羊为 90～100 kg;国内引进的后代公羊为 85～100 kg,母羊为 55～65.9 kg。

2)产肉性能:纯种波尔山羊的屠宰结果,41 kg 活重的屠宰率为 52.4%,未去势公羊为 56.2%,骨肉比为 1∶4.7,骨骼仅占 17.5%。胴体净肉率为 48%,瘦肉率为 68%。

3)繁殖性能:据报道,在南非年配种产羔 2 次,可得 3.6 头羔羊。在新西兰平均产羔率为 207.8%,在加拿大为 160%～200%,在南非为 215%。羔羊成活率为 90% 以上。波尔山羊在我国发情季节不明显,一般每 8 个月产 1 胎,产羔率 160%～200%。

4）适应性：我国引进波尔山羊后，适应性较好，在全国各地都能饲养。

5）杂交改良效果：崇明引进波尔山羊后，进行了多次杂交试验，2007～2010年，崇明县动物疫病预防控制中心申请实施了"崇明白山羊规模化高效健康养殖技术推广应用"科技兴农项目，对崇明白山羊二元杂交利用试验表明，波×崇杂交其产活羔数、产羔率、羔羊成活率均优于萨×崇杂交组合和纯种繁育，波×崇杂交羔羊成活率和胎产断奶羔数分别提高10％、12.2％。

（三）杂交利用实践

20多年来，对崇明白山羊的杂交改良一般是通过品种间的杂交获得杂种优势。1992年2月由上海市财政局、畜牧局共同下达"肉羊育肥配套技术"丰收计划项目，于1995年底完成，分别通过南江黄羊、萨能山羊、黄淮山羊与本地羊开展杂交，杂种羊10月龄体重21～26 kg，比本地白山羊体重提高35％以上，屠宰率51.5％，比本地山羊提高3～5个百分点，随后白山羊的杂交利用工作得到广泛开展。

2001年，崇明县畜牧兽医站、崇明白山羊保种场联合申请实施了"崇明白山羊杂交改良技术推广"课题，以崇明白山羊保种场为实施基地进行良种繁育，以波尔山羊、萨能山羊为基础群进行扩繁，然后将种公羊下放配种点为农户提供服务，项目实施的2001～2002年，共向全县14个乡镇投放种公羊299头，杂交配种12.8万多头，杂交改良率64.2％，其中三星、堡镇、中兴、港沿4个杂交改良的重点乡镇共投放公羊143头，杂交配种5.29万多头，杂交改良率65.8％，杂交改良后羔羊初生重3.1 kg，2月龄断奶重超过9 kg，周岁体重28.2 kg，达到了较好的效果，从而推动了全县杂交改良工作的进一步开展。

2007～2010年，崇明县动物疫病预防控制中心申请实施的"崇明白山羊规模化高效健康养殖技术推广应用"科技兴农项目，对崇明白山羊二元杂交利用开展了试验，结果表明，波×崇杂种优势最为突出。为此，确定崇明白山羊杂交改良以"波×崇"为主，其次为"萨×崇"杂交。此外，崇明白山羊的多元杂交也在不断推行，生产实践表明：以萨能山羊为第一父本、波尔山羊为第二父本的三元杂交模式在生产中较受推崇，但当下纯种的波尔山羊、萨能山羊在崇明养殖也较少，所以生产中一般利用其杂种羊作父本开展杂交生产肉羊。

第四章
繁殖

一、性成熟与发情

（一）初情期与性成熟

初情的公、母羊开始具备繁殖能力，但繁殖力较低。崇明白山羊初情期为 4～6 月龄。初情期后，生殖器官发育迅速。性成熟的羊个体具有正常繁殖能力。公羊性成熟时角变粗，头变大，显得雄伟强壮，睾丸发育完全，垂入阴囊中，能射精，好爬跨母羊，并常伸出阴茎，能常年配种。母羊则表现发情，鸣叫不安，阴门红肿，分泌黏液，摇尾，喜接近公羊或爬跨其他羊等现象。崇明白山羊的性成熟为 10 月龄。为防止早配和偷配，在初情期前，应及早把公、母羔分开饲养。

（二）发情周期

母羊达到性成熟年龄后，卵巢出现周期性的排卵现象，生殖器官也周期性地发生一系列的变化，并按一定顺序循环进行，一直到性功能衰弱之前。将前后两次发情的间隔时期称为发情周期。崇明白山羊的发情周期为 18 天。发情周期周而复始，一直到绝情期为止。根据一个发情周期中生殖器官所发生的形态、生理变化和相应的性欲表现，发情周期可分为发情前期、发情期、发情后期和间情期 4 个阶段，并依据每期的特征进行发情鉴定。

1. 发情前期

此期是上一次发情周期形成的黄体逐步呈退行性萎缩，卵巢中有新的卵泡发育增大，子宫腺体略有增殖，阴道轻微充血肿胀，子宫颈稍开放，阴道黏膜的上皮细胞增生，母山羊有轻微发情表现。

2. 发情期

此期发情表现最明显,由于卵泡发育迅速,雌激素大量分泌,外阴部充血,子宫颈开张,有较多黏液排出,母羊性欲进入高潮,接受公羊的爬跨,发情持续时间为 24～48 h,初配母羊的发情期较短,老年母羊较长。至发情期末排卵,在发情开始后 24～36 h。

3. 发情后期

此期的母羊由发情盛期转入静止状态,生殖道充血逐渐消退,蠕动减弱,子宫颈封闭,黏液量少而稠,发情表现微弱,破裂的卵泡开始形成黄体。

4. 间情期

即休情期。此期的母羊的交配欲完全停止,精神状态已恢复正常,卵巢上形成黄体,并分泌孕激素。

山羊是季节性多次发情家畜,如果在发情期没有受精,过一段时间后,又会出现发情征状,如此反复,直至怀胎。另外,在产后短时间内出现的发情叫产后发情,产后发情时间短的在 1 周内,长的在 50 天左右,一般产后发情的平均时间为 35 天。但在生产过程中,有的母羊过了几个情期后又出现发情征状,其原因可能为:一是怀孕母羊流产,流产后导致重新发情;二是生殖道炎症;三是内分泌紊乱所致。出现受胎后重新发情的,应请兽医前来诊治,找出原因,对症处理。

(三)发情鉴定

准确地判断发情,适时配种,不误情期,对圈养方式的崇明白山羊十分重要。

1. 外部观察法

崇明白山羊发情时表现出鸣叫、摆尾、互相爬跨、主动接近公羊和尾追公羊、外阴部充血肿胀、松弛并有稀薄黏液由多变少渐至混浊、糊状等征状,据此鉴定发情与否。有些发情征状不明显的,外阴部没有显著肿胀或充血,也不见分泌物,要仔细观察,一般可根据公羊是否跟随爬跨母羊和母羊是否愿意接近公羊来判断发情与否。

2. 阴道检查法

采用开腔器或阴道内窥镜插入并打开阴道,检查生殖道变化。若阴道黏膜潮红充血,黏液增多,子宫颈口松弛等,可判定母羊已发情;若子宫颈口黏液由稀薄变得浓稠并渐至减少,可断定已开始排卵,应适时进行输精。

3. 配种或人工授精

大群羊配种或人工授精主要靠试情公羊寻找发现。

二、配种与人工授精

（一）配种方法

山羊的配种方法可分为自然交配和人工授精。

1. 自然交配

公、母羊直接交配，也称之为本交。按繁殖管理的方式又分为自由交配和人工辅助交配。

（1）自由交配 指在母羊中放入一定比例（3%～5%）的公羊，混群放牧或混圈饲养，任其发情并自由本交，看起来省事、省力，配种效率亦高，但弊端很多。

一是混群（圈）饲养公、母羊相互追逐，影响采食和抓膘；

二是需养公羊多，成本高，既难以保证种公羊质量，又不利于发挥优秀公羊的作用；

三是难以进行年龄、等级选配，导致"小配老"、"老配小"、"劣配劣"，影响群体品质；

四是混交，无法弄清后代血缘关系，导致近亲退化；

五是使产羔分布凌乱，相应加重了饲养管理的压力；

六是同群同圈内山羊的体重和年龄大小不整齐，早配、早产极易发生；

七是无法记录配种日期，致使保胎、护产工作难以到位，造成意外损失和母羊早产、流产等；

八是公羊精力消耗大，精液品质相对降低，影响受胎率的提高。

（2）人工辅助交配 采用公、母羊分圈饲养，当群养母羊有发情者，以指定的公羊配种；散养母羊发情则牵羊配种，这种方法有利于落实选种选配计划，克服自由交配的缺点，有利于防止近亲交配给羊业生产带来的损害。

2. 人工授精

人工授精不仅可克服自然交配的各种弊端，而且有利于扩大良种公羊的利用率，提高母羊受胎率，并可预防或减少羊生殖道疾病的传染。

人工授精的精液,可分鲜精、冻精两种。冷冻精液人工授精又包括颗粒冷冻精液和细管冷冻精液。人工授精的具体做法如下。

(1)试情 群养时部分母羊发情征状可能不明显,加上发情持续期短,易错过此部分发情母羊,为此在进行人工授精或人工辅助交配时,要用试情公羊来寻找发情母羊。试情公羊可选身体健康、性欲旺盛的2～3岁的公羊。在试情前可用一块试情布(长约60 cm,宽40 cm的白布,四角系上带子),拴在试情公羊腹下,兜住阴茎,不影响使其爬跨、射精,但不能直接本交,试情完毕,及时取下试情布,洗净晾干。

或用一条绳子拴在试情公羊脖子上,牵着试情,发现发情母羊立即牵开。

图 4 - 1　崇明白山羊保种场公羊试情

试情工作应在每天早晨进行。如试情公羊用鼻去嗅母羊阴门,母羊不动、不拒绝,或伸开后腿排尿,就说明这母羊发情了,应把它关隔开,或打上记号。一般试情公羊应单独饲养,每圈母羊放入一头,每次试情时间安排1 h左右,以早晚各一次为宜。

(2)器具的准备和消毒 供采精、授精及与精液接触的有关器材用具都要清洗、擦干,按种类分别包装消毒,尽量采用蒸汽消毒或用乙醇和火焰消毒,并备好灭菌的假阴道、凡士林、生理盐水、棉球等。

采精前将消毒好的内胎装入外壳中,在内胎的1/2部分涂上凡士林,灌入50~55℃温水150~180 mL,约占内外胎空间的2/3,装上集精瓶。夹层内吹入空气,增加弹性,调试压力。但吹气不宜过多,当内胎壁合拢,口部呈三角形缝隙即可。使用前应再仔细检查假阴道的温度、压力、润滑度。假阴道内的温度以39~40℃为宜。

(3)采精　将台羊绑定在采精架上,引诱公羊到台羊处,采精员蹲在台羊右后方,右手横握假阴道,活塞向下,使假阴道与地面呈35°~40°角,当公羊爬跨伸出阴茎时,迅速把假阴道移向台羊臀部与阴茎平行,左手轻轻托住阴茎包皮,导入假阴道内(图4-2)。当公羊用力向前一挺时已完成射精,将从台羊身上滑下来,此时采精员应顺着公羊的动作,将假阴道慢慢向后移动退出,迅速竖起集精杯,打开气嘴,放出空气,谨慎地取下集精杯,加上瓶盖,送精液处理室。

图4-2　崇明白山羊保种场的公羊人工采精现场

(4)精液品质检查与稀释　采下后的正常精液呈浓厚的乳白色混悬液体,略有腥味,精液量为0.8~1.8 mL。若色泽异常或有腐臭者,均不得用于输精。然后检查其活力(图4-3)和密度,确定精液能否用于输精及稀释的倍数。检查应在洁净且室温18~25℃的检精室进行。再用低倍显微镜检查,精子活力在0.8以上,精子密度在中等以上(即精子间的空隙小于或等于1个精子的长度并能看见每个精子的活动),精子畸形(精子头部过大或过小、双尾、断裂式、尾部弯曲等形态不正常)率不超过 14% 的精液为合格精液。

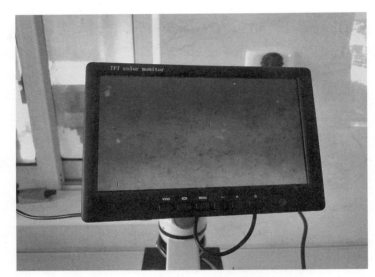

图 4-3　崇明白山羊保种场的精液活力检测

精液稀释可用注射用生理盐水,根据发情母羊的多少确定稀释倍数。从实践经验看,以稀释 20～40 倍为好,即 1 mL 精液中加入 20～40 mL 生理盐水,要现稀释现用,一般不超过 2 h。稀释液的温度应和精液温度保持一致,稀释时应沿着集精杯壁慢慢注入稀释液,用细玻璃棒轻轻搅匀,以保持精子的活力。稀释的精液经品质检查合格后方可输精。

(5)精液保存

1)常温保存:精液稀释后,最好全部用于输精,或在室温 20℃ 条件下保存 1 天后输精。

2)低温保存:精液稀释后逐步降温至 0～5℃,可保存 2～3 天。

3)冷冻保存:羊的精子不耐冷冻,一般冷冻精液受胎率较低(40%～50%),但为了提高优秀种公羊的利用率,使优秀种公羊的冷冻精液在超低温环境(液氮,－196℃)快速降温。冷冻精液可长期保存。解冻时,取细管精液置 37℃ 水中轻摇 8 秒钟,取出待全部解冻后先进行随即输精,要求精子活力 0.35 以上,每次输精量的有效精子数不得少于 0.5 亿个。

（6）输精　首先作好输精前的准备：一是输精器材进行清洗与消毒，使用前均需用精液稀释液冲洗 2～3 遍；二是待配母羊绑定在输精架上，并对外阴部进行消毒；三是常温、低温或冷冻保存的精液，需要升温到 35℃左右，并重新进行镜检，符合要求才可用于输精。用阴道开张器将待配母羊的阴道打开，借助光源寻找子宫颈口并把输精注射器的导管插入 0.5～1 cm 处，把精液注射于子宫颈内（图 4-4）。一次输精剂量为原液 0.05～0.1 mL 乘以稀释倍数，其中有效精子数应在 0.2 亿以上，若用冻精，剂量应适当增加，并保证有效精子 0.5 亿以上。一般采取 1 次试情两次输精，间隔 8 h 以上，效果较好。

图 4-4　崇明白山羊保种场的输精现场

根据实践经验，采用"山羊倒立阴道底部输精术"简便易行，不需阴道开张器。具体操作方法：饲养员将山羊两腿倒提起来，输精者两腿夹住羊的前躯，将装好精液的输精管插入羊的阴道底部，让精液自然流入子宫内，每次输精量 0.4 mL，可获 91.7%～97.2% 的情期受胎率。

人工授精必须准确掌握配种时间。大多数母羊在发情后 24～36 h 排卵，精子保持活力的时间是 24～48 h，卵子保持受精能力的时间为 5～6 h，因此在发情后 12～24 h 输精为宜，隔 10 h 再复配一次，有利于提高受胎率。

（二）适配年龄与适配季节

崇明白山羊的初配年龄，一般母羊体重达到成年羊的70％以上，在6～8月龄后就可配种。公羊开始配种的年龄应比母羊再大一些，具体可看生长发育状况而定。

崇明白山羊四季均能发情、配种，繁殖没有严格的季节性，多为1年2胎或2年3胎。如选择最佳配种季节，应使羔羊断奶时有大量的青绿饲料可吃，有利于羔羊培育和上市赶上秋冬羊肉消费高峰为原则，即在9～10月份配种，3月份产羔，元旦前后上市，从而达到当年出栏、周转快的目标。

三、妊娠与分娩

（一）妊娠期与妊娠诊断

1. 妊娠期

崇明白山羊的妊娠期为140～150天，平均为145天。

2. 妊娠诊断

及时作出妊娠诊断，以对妊娠母羊适时进行保胎护理；对未孕母羊进行及时的复配，有利于实现全配、满怀。

（1）外部观察法　妊娠母羊新陈代谢旺盛，食欲增强，消化能力提高，体重逐日增加，且妊娠母羊均是阴门紧闭，阴唇收缩，并结合配种后20天左右不再发情，可断定已孕，否则未孕。配种3个月后妊娠母羊开始凸肚，怀双胎的母羊腹壁较为紧张，可触感胎动比单胎明显。

（2）阴道诊断法　在一般情况下，妊娠一周的母羊，阴门流出白色黏液，有时外阴粘结草屑或腹毛；配种20天左右的母羊，用开膣器打开阴道，若黏膜为白色，几秒钟后变为粉红色，且黏液量少而透明，20天后由稀薄变得浓稠，即可认定已孕，否则未孕。

（3）实验室诊断法　根据妊娠母羊孕酮的变化进行实验室诊断。

（4）B超诊断法　超声波诊断是利用超声波的物理特性与动物体组织结构的声学特点相结合的一种物理学检验方法。操作前先将母羊右侧卧，或站立绑定于保定架内，或助手用两腿夹住母羊颈部，使母羊保持安静状态。探测位置与方法：腹壁探查，妊娠早期在乳房两侧和乳房直前的少毛区，或两乳房的间隔，妊娠中后期可在右侧腹壁进行。修剪扫描区域羊毛。检查者蹲于羊体一侧,局部或探头涂布耦合剂后,将探头紧贴皮肤,朝向盆腔入口方向周围徐徐滑动,并不断改变探头方向,进行定点扇形扫查。从乳房直前向后,从乳房两侧向中间,从乳房中间向两侧,或者从羊两后肢中间伸向乳房四个方向扫查均可(图4-5)。妊娠早期胎囊不大,胚胎很小,需要慢扫细查才能探到。选择典型图像进行照相和录像。

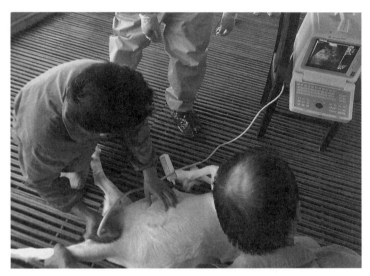

图4-5 崇明白山羊保种场的B超诊断现场

(二)分娩与接产

崇明白山羊耐粗饲,能适应各种自然环境,一般都能自己顺利产下羔羊,但为防意外,必须做好产羔辅助工作。

1. 分娩

妊娠期满,母羊从产道将发育成熟的胎儿、胎盘排出体外的生理过程为分娩。母羊临产1~2周,可挤出乳汁,渐至乳腺胀大,阴门红肿有分泌物,左右臁部表现下陷、举止不安或单独离群爬卧于安静处等预兆。产前2~3 h分娩预兆更为明显,经常回顾腹部,有时鸣叫,当母羊卧地、四肢伸直努责甚至羊膜露出外阴部时,说明很快要分娩了,必须作好接羔接产的准备。

产前准备:在临产前3~5天,清理好产圈,彻底打扫、消毒,保持产圈清洁、干燥。冬天应保温,无贼风,圈内温度不低于10℃,夏季要通风。准备好接产用具,如药棉、碘酒、剪刀、秤等。当母羊出现临产预兆时,如举止不安,食欲突然下降,回头顾腹,腹部下沉,阴门红肿、有分泌物,乳头能挤出几滴初乳等现象,应用 0.1‰高锰酸钾溶液清洗母羊的乳房、尾根、外阴部、肛门等。

2. 接产

整个分娩过程可分为子宫颈开张期、胎儿产出期和胎衣排出期 3 个阶段。母羊正常分娩时,最好让其自然产出,一般无须助产。羊膜破裂后几分钟至半小时生出羔羊第一头,如一胎多羔,每头先后间隔 5～30 min 甚至以上。顺产时先露出前蹄和嘴部,继而产出头部和全身,或者先露出后蹄,继而产出臀部和全身。若遇母羊难产,或对于产羔无力的多胎母羊和初产母羊,则应及时助产。助产人员可蹲在母羊体躯后部,待羔羊头部出现时,一手托住羔羊头部,一手握住两前肢,随着母羊腹部的收缩,顺势轻轻拉出。羔羊产出后,助产人员应先用药棉擦净羔羊口腔和鼻腔中的黏液,以防窒息死亡。然后让母羊舔净羔羊身上的黏液,以增强母羊的恋羔性。

凡羔羊出生后,脐带一般会自行扯断,接羔者只需用碘酊棉球消毒脐带断头,如脐带未能自断,可在距羊腹 5 cm 处将脐带剪断并消毒。如有羔羊假死,可提起两后肢并拍击其背、胸部进行处理。母羊产后 0.5～3 h 排出胎衣,应及时取走,以防母羊吞食养成恶癖。

分娩结束,用温热消毒水清洗母羊乳房并擦干,挤去最初几滴乳汁,帮助羔羊吃上初乳。母羊产羔后 1 h 左右,饮温水或温盐水麸皮汤 1～1.5 kg,并重新换上干净褥草,让母羊哺乳羔羊和休息。母羊胎衣排出后立即取走。山羊排出胎衣的正常时间为 1～2 h,如果在分娩后超过 4 h 胎衣仍不排出,即为胎衣不下。崇明白山羊极少发生胎衣不下,偶尔因母羊多胎、胎水过多、胎儿过大以及持续排出胎儿而伸张过度,导致子宫收缩无力。胎衣可能全部不下,也可能是一部分不下,未脱下的胎衣经常垂吊在阴门之外,病羊背部弓起,时常努责,有时由于努责剧烈可能引起子宫脱出。在产后 4 h 内,可待其自行脱落。如果超过 4 h,即应及时皮下注射催产素(2～3 IU,注射 1～3 次,间隔 8～12 h)。严重时请兽医施行手术剥离,绝不可强拉胎衣,以免扯断而将胎衣留在子宫内。

四、提高崇明白山羊繁殖力的措施

（一）繁殖力指标

（1）繁殖率　本年度内出生羔羊数占本年度初繁殖母羊的百分比。

（2）受胎率　本年度受胎母羊数占本年度配种母羊的百分比。

（3）产羔率　产羔数与正常分娩母羊的百分比。

（4）羔羊成活率　断奶时的羔羊数与产羔数的百分比。

（二）加强高繁母羊群的选育

建立专门化繁殖基地（群），主攻产羔率，为肉山羊生产提供更多的羊源。选择多羔个体和高繁母羊组成繁殖母羊群。从高繁羊群中选择优良后备公羊作种用。有条件的引入多品种杂交，扩大高繁的基因频率，获得产羔率的杂种优势。

（三）调整羊群结构

在调整羊群结构的过程中，提高适龄（3～6岁）母羊比例（70％），及时淘汰老龄母羊，以保持羊群旺盛的繁殖力。同时，加强种用公、母羊的饲养，特别注重配种期的营养供给，以提高母羊排卵的数量和质量及公羊精液的品质，确保受胎并实行密集产羔，实现崇明白山羊2年3胎，进而1年2胎。

（四）应用羔羊早期断奶技术

早期断奶可缩短母羊哺乳期，使之提早发情，用缩短母羊的产羔间隔来提高山羊的繁殖力。其关键是配制有效的羔羊代乳粉料。

（五）应用繁殖新技术

应用冷冻精液技术、超数排卵技术、胚胎移植技术以及转基因技术等新技术来调整、控制和激发羊只的繁殖潜力。目前可推广应用于生产实践的新繁殖技术有以下几项：

第一，超数排卵技术。应用外源促性腺激素诱导母羊卵巢多个卵泡同时发育并排出具有受精能力的卵子的方法，称为超数排卵。通常是在母羊发情周期的12～13天注射适当剂量的促性腺激素（如孕马血清促性腺激素、促卵泡素等），出现发情后即配种，并在当日注射适当剂量的人绒膜促性腺激素，即可达到超数排卵及提高产羔率的目的。超数排卵也是胚胎移植时对供体母羊必须进行的程序，目的是得到较多的胚胎。

第二,胚胎移植技术。胚胎移植是从供体母羊的输卵管或子宫内取出早期胚胎,移植到受体母羊的输卵管或子宫内,以达到产生供体后代的目的。实际上是以"借腹怀胎"的形式,将少数优良供体母羊产生较多的具有优良遗传性状的胚胎移植到多数受体母羊妊娠、分娩而达到加快优良供体母羊品种后代繁殖的一种先进生物技术。可引进冻胚移植,也可引进鲜胚移植。胚胎移植能否顺利进行和取得良好效果的前提:一是母羊体质要健康,理想胎次为3~4胎,须进行布鲁氏菌病等有关疫病的检测、免疫接种、驱虫等,保证受体母羊具备良好的妊娠和保胎基础;二是受体母羊于胚胎移植前14天放置同期发情的药物阴道栓,促进黄体的同期生成;三是操作要熟练,可加快移植过程,缩短胚胎在外界环境中的停留时间,受体母羊须放置2枚以上胚胎,以增加胚胎着床的概率。

2002年4月,崇明白山羊保种场与上海杰隆公司在其南汇基地(今浦东新区)合作,开展波尔山羊胚胎移植试验,崇明白山羊保种场提供3头波尔母羊作为供体羊,25头萨能杂交母羊作为受体羊,由杰隆公司提供技术人员、试验场地及波尔公羊,胚胎移植试验前后共进行了4个多月,共做了4批,经过超数排卵处理后的波尔山羊每头提供的胚胎均在4枚以上,最高达10枚,共取得30余枚胚胎,同步发情处理受体羊后进行了4次移植,每个受体移植4~6枚,共产活羔数不足10头。因各种原因,当时未作分析与探讨。

2002年10月,崇明白山羊保种场与上海市农业科学院合作,申报崇明县科委科研项目,在本场内开展了"波尔山羊冷冻胚胎"试验。该试验对4头波尔母山羊进行了超数排卵处理,处理结束后有3头母羊发情并进行了配种,时隔6天后手术冲洗子宫回收胚胎,结果有2头母羊成功冲洗出胚胎,其中1头母羊冲洗出4枚早期囊胚胚胎,另1头母羊冲洗出6枚桑椹胚胚胎。随后对所获得的胚胎进行了长期冷冻保存,其中4枚桑椹胚胚胎和2枚早期囊胚胚胎进行了程序化冷冻保存,每个麦管中保存1枚胚胎;另外2枚囊胚胚胎和2枚桑椹胚胚胎进行了玻璃化冷冻保存,也是每个麦管中保存1枚胚胎。该试验基本达到了预期的效果,但超数排卵和冲胚效果并不太理想。

2010年5月,崇明白山羊保种场与杰隆公司再次合作,开展崇明白山羊的胚胎移植试验。本次试验,崇明白山羊保种场提供崇明白山羊供体母羊 15 头,公羊 2 头;受体母羊 30 头。在前几年经验的基础上,本次移植比较成功,共产出活羔羊 55 头,全部返还崇明白山羊保种场。

胚胎移植适合于保存珍贵物种,应用于科研以及作为辅助性保存方式,但是山羊体型小,取卵方式对母羊造成较大伤害,因此母羊利用率低,成本高,效果不确定。从崇明白山羊生产实践来评估,有一定的科研价值,但尚无推广的条件。

第三,冷冻精液技术。冷冻精液是保存精液的一种方法,即采用液氮($-196℃$)或干冰($-79℃$),在超低温环境中快速降温使精液冷冻成固态,精子处于休眠状态,可保持其品质和活力。冷冻精液技术能发挥优良种公羊的繁殖作用,不受地域限制和种公羊生命的限制,同时可授配许多母羊,降低生产成本,提高经济效益。崇明畜牧兽医站科技人员于 1998~1999 年间,在位于东平林场的崇明白山羊保种场开展了波尔羊冷冻精液制作、保存、应用试验,波尔山羊精液采集后经过稀释、平衡后速冻成颗粒在液氮中保存,使用时先解冻并经升温后输精,当时共制作冻精颗粒近 200 粒,为周边农户配种约 50 头次(极小部分复配),本场萨能羊、崇明白山羊开展杂交改良 50 多头(间隔 8~12 h 复配),统计结果表明,应用冻精后二次情期受胎率在 60% 左右,制作保存技术处于探索阶段,尚有较多技术难点需要攻克。并且不高的受精率使冷冻精液在养羊户中应用阻力较大,同时由于东平林场的整体工程建设需要,崇明白山羊保种场于 2000 年初从东平林场搬出,此项工作未能继续开展。

第四,B 超早期妊娠诊断技术。利用 B 超可以早期发现受胎,诊断的准确率可达 90% 以上,有条件的养羊场均可采用,以减少母羊空怀。

未孕母羊子宫角的断面呈弱反射,位于膀胱的前方或前下方,形状为不规则圆形,边界清晰,直径超过 1 cm,同时可查到多个这样的断面,并随膀胱积尿程度而移位。有时在断面中央可见到一很小的无反射区(暗区),直径 0.2~0.3 cm,可能是子宫的分泌物。

妊娠母羊子宫角断面是暗区,因胎水对超声不产生反射,配种后16~17 天最初探到时为直径超过 1 cm 小暗区,称胎囊,一般位于膀胱前下方。由于扫描角度不同,子宫断面呈多种不规则的圆形等,胎体的断面呈弱反射,位于子宫颈部的下部,贴近子宫壁,初次探到时为一团块,仔细观察可见其中有一规律闪烁的光点,即胎心搏动。

第五,孕激素诱发同期发情技术。对乏情母羊,利用外源激素诱导其正常发情并进行配种,以缩短母羊产羔间隔期,增加胎次,提高繁殖力。常用孕激素的种类和剂量为:孕酮 120～150 mg(总量,每次 12 mg,连续肌注 10～12 次)、甲孕酮 40～60 mg、甲地孕酮 40～50 mg、氟孕酮 20～30 mg、氟孕酮 30～60 mg、18 甲基炔诺酮 30～40 mg。在应用上述药物基础上配合使用促性激素(如 ECG),促进卵泡的生长和排卵,使发情排卵率达到较高程度,提高受胎率。

孕激素可通过以下方法给药:

口服法:每日将定量的孕激素药物拌在饲料中,让母羊自食,连续服用 12～14 天。

肌注或皮下埋植法:最后 1 天口服停药后,随即注射 400～500 ECG 或 200～600 IU PMSG。持续 10～12 天后停药。

阴道栓法:将海绵栓或 CIRD 埋塞于阴道 14～15 天取出,同时肌肉注射 400～500 ECG 或 300～500 IU PMSG,2 天后被处理的母羊表现出发情,发情的母羊可在当天和次日各人工输精或与公羊自然交配 1～2 次。

(六)及时消除繁殖障碍

崇明白山羊在散养半舍饲条件下几乎没有繁殖障碍,但在规模化全舍饲条件下时有繁殖障碍,主要表现为流产和不孕症。

1. 流产

流产是指母羊妊娠中断或胎儿不足月就排出子宫而死亡。按其原因可分为传染性和非传染性两类。

(1)传染性流产 病因以布鲁氏菌病流产为多,一般发生于妊娠后 3～4 个月的母羊。

防治该病的措施主要是定期对种羊进行布鲁氏菌病检测,利用平板或试管凝集反应检测出早期感染种羊,对检测结果为阳性的要及时淘汰作无害化处理,可疑的要及时隔离,隔 45～60 天再次进行检测,直到全部阴性。然后每年进行二次检测。

(2)非传染性流产 病因以饲养管理不当为主,如饲喂霉变饲草、公母羊混群饲养或挤撞或治疗方法不得当等,因而要加强保胎措施,当发现妊娠母羊出现流产预兆、但子宫颈未开张、流产未发生时,将母羊安置在安静的舍内,给予黄体酮、安溴、阿托品、维生素 E 等保胎药和镇静药。

2. 不孕症

山羊体成熟后达到繁殖年龄不能配种，或多次配种而不能受孕；或分娩后经过一定时间不能正常受胎者称为不孕症。大体有器质性和功能性两类：

（1）生殖器官疾病引起的不孕症　如卵巢萎缩、持久黄体、卵泡囊肿、黄体囊肿及子宫疾病等，经确诊后给予对症治疗，如成本过高且预后不良者予以淘汰，可经去势后育肥。

（2）运动和饲养不足致功能衰退或反复输精产生免疫而致不孕症　要采取有效措施，改善饲养条件，适当运动，补充营养，或用针对性药物促进生殖功能的恢复。

第五章
营养需要与常用饲料及其配合、加工利用

一、白山羊消化代谢特点

(一) 消化道容积大,消化吸收能力强

山羊属反刍动物,消化道容积大,其重量约占体重的一半,共有瘤胃、网胃、瓣胃和皱胃 4 个胃,还有 17~40 m 长的小肠和大肠。

成年羊的瘤胃容积为 10~15 L,占整个消化道的 67%,既是采食时囤放饲料(主要是粗饲料)的仓库,又是微生物的聚集库。山羊吃草时,通常未经咀嚼就将草团匆匆咽下,贮存在瘤胃内,同时进行搅拌、浸泡和混合;在休息时又将草团呕回到口腔进行充分咀嚼,并混入唾液,再吞咽入胃,即为反刍。唾液能使饲料软化,并含多种消化酶,使瘤胃 pH 维持在微生物活动的适宜范围内。草料在瘤胃内停留的时间依饲料种类而异,饲料越粗糙,越难消化,停留的时间越长,一般需停留 48~60 h。在 40℃左右的温度下,大量的微生物能将饲料中纤维物质、淀粉等碳水化合物分解成易被吸收的低级脂肪酸,将蛋白质和非蛋白含氮化合物分解成氨基酸、氨分子后,再被微生物利用,合成菌体蛋白。后者可在下部消化道被羊体消化、吸收和利用。瘤胃微生物也能合成 B 族维生素和维生素 K 等。所以,羊能利用粗纤维含量高的饲料(如干草、各种农作物秸秆等),也能利用尿素等非蛋白含氮物质作为氮源。

配有各种广谱抗生素的饲料添加剂对于牛、羊等反刍动物危害极大,因为抗生素会抑制瘤胃内的有益微生物,破坏瘤胃的内环境,微生物就不能正常发酵和分解草料,使牛、羊的胃肠功能失调,不能正常地消化、吸收营养成分,导致牛、羊身体消瘦,并伴随拉稀等,因此山羊补

料育肥宜以原粮、原料为主,如玉米、瘪谷、棉籽饼、菜籽饼等配合加工,适当补充羊专用的复合预混料。

网胃的消化作用与瘤胃互相关联。瓣胃容积较小,主要起过滤和压榨作用。皱胃则与单胃动物的胃相似,能分泌酸度较大的胃液,杀死并分解瘤胃流出的微生物,消化碳水化合物、蛋白质等。亦称真胃。

羊的肠道很长,为体长的 25～30 倍。小肠中有胆汁盐、胰液、肠液和胰酶等分泌物,这些物质可将胃里初步分解的食物(食糜)进一步分解成葡萄糖、短链脂肪酸、氨基酸和其他成分,被机体吸收,用于维持生命、生长和生产肉、皮、毛等产品。小肠中尚未分解的营养物质进入大肠后继续消化、吸收,在大肠里不能消化的物质则成粪便排出。

由于食物在羊的消化道停留时间长,其他家畜不易消化的纤维质也能得到充分的分解、吸收,粗纤维消化率可达 80%。

(二)羔羊和幼龄羊瘤胃发育不全

羔羊和幼龄羊由于瘤胃尚未发育完全,也没有形成完整的微生物区系,不能像成年羊那样利用粗饲料和非蛋白氮,只能利用母乳、易消化的精饲料和鲜嫩的青草。所以,在这个阶段应提供营养全面的饲料,早期应以母乳为主。饲养管理上应提早投喂代乳饲料等,促进瘤胃的发育和功能的健全,并使瘤胃微生物区系早日形成。自 3～4 周龄起,羔羊的消化道区系逐渐形成,可饲喂少量精饲料和鲜嫩的青草,7～8 周龄起可饲喂粗饲料。

二、营养需要特点

羊的生长发育和维持生命都离不开蛋白质、碳水化合物、脂肪、矿物质、维生素和水 6 种主要营养物质,羊的营养需要是全面的、多元的,缺一不可的。因此,为羊提供的饲料也应是全价的,而且不同的生长阶段其要求则有所不同。在传统的养羊生产中,由于主要依靠放(拴)牧,羊采食营养物质多少无法正确度量,往往有啥吃啥,影响羊的正常生产性能的发挥。在规模养羊生产中,必须正确掌握羊的消化生理代谢规律,全面满足其营养要求,肉羊的生长发育就快,品质就好,经济效益才高。

(一)蛋白质

蛋白质的来源主要是饲料。饲料中的蛋白质进入瘤胃后,由于微生物的作用,使部分蛋白质降解为肽、氨基酸和氨,微生物又可利用这些物质合成菌体蛋白,在下部消化道被畜体消化,也有部分蛋白质直接进入下部消化道被吸收。饲料蛋白质在瘤胃内分解比例称为降解率,因饲料品种不同而异,饼粕类、大麦、青贮料等的蛋白质瘤胃降解率较高,玉米、鱼粉、啤酒糟等饲料的瘤胃降解率较低。

微生物可利用各种含氮物中的氮来合成菌体蛋白。据试验测定,当在羊饲料中添加尿素时,喂后 1 h,瘤胃中尿素氮全部消失;喂后 1～6 h,氨态氮也逐渐消失,表明尿素在瘤胃中已被微生物利用,并合成了菌体蛋白。反刍家畜的日粮中应有 14％～16％ 的粗蛋白,其中一部分可用尿素替代,做到经济合理。

（二）碳水化合物

饲料中的碳水化合物,主要是淀粉和纤维质。淀粉在口腔中几乎不被消化,进入瘤胃后,在微生物的作用下,分解成低级挥发性脂肪酸,如丙酸、乙酸、丁酸等被机体吸收。纤维质包括纤维素、半纤维素、果胶等,进入瘤胃后,在瘤胃细菌分泌的纤维消化酶作用下,分解成丙酸、乙酸、丁酸等低级脂肪酸,参与体内的能量代谢过程,提供热能或转化成畜产品。纤维质除了发挥能量作用外,还通过刺激瘤胃促进反刍,提高饲料消化率。此外,纤维质在胃肠道内起填充物作用,给羊以饱感。

羊对纤维质的消化程度受不同品种、饲料、管理等多方面因素影响,从饲养管理的角度应考虑以下因素:一是提高日粮中粗蛋白含量,可以改善纤维质的消化率;二是粗纤维含量越高,其消化率越低;三是在日粮中添加食盐和硫、磷等可以提高纤维质的消化率;四是对粗纤维饲料进行适当加工(如切短、揉搓),可提高消化率。一般要求舍饲山羊的纤维质含量占日粮干物质的 16％～18％。

在采食的各种牧草、农作物秸秆中含较丰富的能量,当牧草品质不佳时,会影响能量的利用。所以,必须适当补充精饲料,如玉米、高粱、大麦等。在正常的饲养管理条件下,夏季可从采食的青饲草中获得足够的能量,基本上可满足生长发育的需要;在冬季由于饲草营养价值的降低,单纯依靠饲草不能满足羊对能量的需要,必须补充适当精饲料,一般为 100～150 g/天。

（三）脂肪

羊体内的脂肪主要来自饲料中碳水化合物的转化,特别是某些脂肪酸不能在体内合成。羊瘤胃内微生物将饲料中的不饱和脂肪酸(次麻油酸、次亚麻油酸、花生油酸)经过氢化作用变成饱和脂肪酸,进入下部消化道后消化吸收,变成体脂贮存于皮下和腹内,故而羊肉中的脂肪比较硬,因熔点高,易分离。若日粮中缺失这些脂肪酸,羔羊生长发育缓慢,皮肤干燥,被毛粗直。但日粮中脂肪酸含量不宜超过10%,否则会影响瘤胃微生物发酵,阻碍对其他营养物质的吸收利用。

(四)矿物质

羊体需要的矿物质主要有钠、钙、磷、硫、铁、铜、锌、钴、锰、碘等。钙和磷是羊体内含量最多的矿物质,约有99%的钙和80%的磷存在于骨骼和牙齿中。羊的日粮中,钙磷比例以(1.5~2):1为宜,缺钙或钙磷比例不当时,羊食欲减退,生长发育不良,幼羊易患佝偻病,成年羊易患骨软症或骨质疏松症,泌乳母羊可能发生骨折或瘫痪。缺磷时,羊出现厌食癖,如啃食羊毛、砖块、泥土等。

补充钠和氯一般用食盐,可提高羊的食欲,促进生长发育。铁主要存在于羊的肝脏和血液中,为血红素、肌红蛋白和许多酶类成分,饲料中缺铁时,羊易患贫血症。铜和铁的关系密切,当机体缺铜时,会减少铁的利用,造成贫血、消瘦、骨质疏松、皮毛粗硬、品质下降等。缺锌时,羔羊生长缓慢,皮肤不完全角化,可见脱毛和皮炎;公羊则睾丸发育不良、缺乏性欲、精液品质下降,严重影响母羊的受胎率。

山羊的微量元素需要量见表5-1。

表5-1 山羊的微量元素需要量

元　素	标准饲粮需要量 (mg/kg 干物质)	防止其他矿物质干扰的饲粮需要量 (mg/kg 干物质)
钴	0.1	0.1
铜	10	14
铁	30	30
碘	0.6	1
锰	40~60	120
钡	0.1	0.1
镍	1	1
锌	45~50	75

注:数据来源于(Lamand, 1981; Kescler, 1991; Meschy, 2000)。

（五）维生素

维生素包括维生素 A、维生素 D、维生素 E、维生素 K 等脂溶性维生素和 B 族维生素、维生素 C 等水溶性维生素。青草、树叶和干草等富含维生素 A、维生素 E。羊瘤胃中的微生物可以合成维生素 K 和 B 族维生素。维生素 D 可以通过阳光中紫外线的照射作用，在皮下细胞中合成，当缺乏时会出现与能量、蛋白质缺乏时相似的症状及独特症状。一般在食用青草季节不会出现维生素缺乏症，当牧草品质不良时，应添加胡萝卜等维生素补充饲料。

（六）水

每头成年羊每天需水 3～5 kg。羊的耐渴能力比耐饥能力更弱，当缺水时会影响到羊的生长和生产性能的发挥，所以在生产中必须保证对水的供应，特别是夏季更应保证饮水的供应。

三、常用饲料

饲料分类方法很多，根据山羊饲料内容物成分，结合当前生产实践，大体可分为六大类。

（一）青绿饲料

青绿饲料水分多，体积大，粗纤维含量少，含易消化吸收的蛋白质、维生素，无机盐也很丰富，是成本低、适口性好、营养较完善的饲料。如野生杂草、灌木嫩枝叶、人工种植的黑麦草、白三叶等，既可割鲜草喂羊，又可晒制青干草供冬春季使用。将杂粮作物如玉米、豌豆等进行密植，在籽实未成熟前收割，饲喂山羊，其营养价值比收获籽实后收割的高出 70%。多汁饲料，如萝卜、瓜类、蔬菜等，水分含量高，干物质含量少，蛋白质少，钙、磷少，粗纤维含量低，适口性好，消化率高，成年羊每头每日可喂块根 2～4 kg，块茎 1～2 kg，幼年羊可喂 1.5 kg。

（二）青贮料

凡用青贮方法制作的作物秸秆、饲草等均称青贮料。如青刈玉米青贮料、青刈黑麦草以及作物的藤、蔓、茎、叶制作的青贮料等。

（三）干粗饲料

以干物质计，凡含粗纤维 18%（或细胞壁成分 35%）以上的植物性饲草均属此类。包括各种干草、青干草以及十字花科、禾谷类农作物秸秆、秕壳等。其特点是体积大，水分少，粗纤维多，可消化营养少，适口性差。

（四）能量饲料

以干物质计，含粗蛋白低于20％、粗纤维低于18％（或细胞壁成分35％）的饲料。包括禾谷类籽实及加工副产品、薯类作物的块茎、块根等。

（五）蛋白质补充料

以干物质计，含粗蛋白20％及其以上，含粗纤维低于18％的植物性、动物性饲料。包括植物性饲料豆科籽实类、饼粕类，动物性饲料如鱼粉、血粉、蚕蛹以及非蛋白质含氮物等。

（六）矿物质补充料

为不含蛋白质和能量，只含矿物质，包括常量元素和微量元素添加剂等。如食盐、骨粉、贝壳粉、蛋壳粉和复合盐砖、羔羊矿物质添加剂等。

四、饲养标准与日粮配合

（一）饲养标准

山羊饲养标准就是营养需要量。它是根据羊的品种、性别、年龄、体重、生理状况、生产方向和水平，计算出每头羊每天应通过饲料供给的各种营养物质的推荐量。饲养标准是进行科学养羊的依据和重要参数，其内容有两部分：

1. 山羊的营养需要量

是指山羊在维持正常的生命与健康和生理活动，并保持最佳生产水平时对物质的最佳需要量。

2. 各类羊饲料的营养价值

两者配合使用就能计算出羊在某种生理状态下的日粮配方。

（二）日粮配合

羊在一昼夜所采食的各种饲料的总量叫作日粮。山羊的日粮要根据不同生长阶段的营养需要特点和生产要求合理搭配，做到既要充分利用当地的饲料资源，尽可能降低饲料成本，又要保证羊只达到一定的生产标准，提高肉产品的质量和经济效益。因而，日粮配合应注意三大原则：

1. 饲料种类多样化

精粗搭配合理饲料种类多样化可以弥补营养物质的不足。山羊是食草家畜,以青粗饲料为主,但仅用青粗饲料或单一的饲料难以取得好的育肥效果,甚至不能满足羊的营养需要,阻碍羊的生长发育。日粮中,精料的种类应不少于 3 种,精料过多或粗饲料过多都是不合适的,应有适当的比例,并要根据精、粗饲料的营养价值进行适当调整。

2. 饲料的适口性要好

应有适当容积配制日粮要适合羊的口味特点,山羊食性广,采食不挑剔,但对有异味及粗老的饲草不愿采食。因此,对品质较差的干草和农作物秸秆要进行合理的加工调制,并与精料拌匀饲喂,可以取得较好的饲喂效果。同时,羊的采食量有限,不宜过多饲喂大容积饲料;与之相反,日粮容积过小,也会使羊的瘤胃充盈度不够而产生饥饿感。

3. 日粮组成要相对稳定

日粮组成变化一般不超过三分之一,并在 7～10 天内逐步调整完成。因为日粮成分改变的幅度过大或变化过频,都会破坏瘤胃微生物区系的规律性和发酵活动,降低饲料的消化率,甚至引起消化不良或腹泻等疾病,尤其由粗料型转变为精料型时,最容易发生瘤胃膨气和酸中毒等疾病。

在夏季高温季节,山羊的采食量下降,为减轻热应激,除采取防暑降温措施外,配合日粮时要减少干粗饲料比例,增加青绿饲料比例。在冬春寒冷季节,除搞好防寒保温工作外,要增加草料补饲水平,对种公羊、幼年羊、妊娠母羊要增加精料的补饲量。

五、饲料安全

饲料安全涉及山羊的健康生长,关系到羊肉的质量安全和消费者的身体健康。影响饲料安全的因素除天然饲料本身含有的有害有毒物质外,还包括在生产、加工、贮存、运输和销售过程中受到污染等。为此,必须采取以下措施,以确保饲料安全。

第一,建立有效的监督管理和检测监控体系。

第二,在饲料作物栽培中合理使用农药,严格遵守安全间隔期,要求灌溉用水、大气环境和土壤中有害有毒污染物不得超过有关标准的规定。

第三,饲料加工应采取以下安全措施:

(1) 设施安全 饲料加工厂设计、设施卫生和生产过程的卫生应符合《配合饲料企业卫生规范》的规定。

（2）原料安全　饲料原料应符合卫生要求，禁用霉烂变质的原料。饲用蔬菜类时要防止甘薯黑斑病毒中毒、马铃薯的龙葵素中毒和甜菜的亚硝酸盐中毒，棉籽饼、菜籽饼饲用前要进行脱毒。

（3）配料安全　为确保计量的精确性和稳定性，对计量设备定期进行检验和正常维护。

（4）混合原则　混合工序投料应按先大量、后小量的原则进行。

（5）防止药物添加剂污染　羊用配合饲料、浓缩饲料、精料补充料和添加剂预混料中的药物添加剂应遵守《饲料药物添加剂使用规范》，由专人管理、专人负责添加，并有完整的记录。加药饲料的生产要认真做好加工排序、冲洗和设备清理工作，饲料标签应注明药物的名称、含量、使用要求、休药期等。

（6）研制与推广使用新型安全饲料添加剂　饲用微生态制剂、饲用酶制剂、大蒜素、有机微量元素添加剂和饲用中草药制剂新型饲料添加剂用于养羊生产无污染、无残留，且不对环境造成任何污染，中草药组方添加剂除防病治病外，能增进机体新陈代谢、促进肉羊生长、提高饲料利用率，且毒副作用小、无耐药性和药物残留，其应用前景广阔。

（7）慎用抗菌药和抗寄生虫药　以减少对抗生素使用的依赖性和随意性，严格执行休药期。

六、羊用 TMR 饲料的加工利用

TMR 饲料，即全混合日粮（Total Mixed Rations, TMR）饲料，是指将切短的粗饲料、青贮料、精饲料及各种饲料添加剂进行科学配比，经过在饲料搅拌机内充分混合后得到的一种营养相对平衡的全价日粮。

（一）加工利用方法

1. 合理分群

为保证不同阶段、不同体况的羊能获得合理的营养需要，并便于饲喂和管理，必须进行合理分群。分群管理是使用 TMR 饲料的前提，理论上羊群分得越细越好，但考虑到生产实践的可操作性，可采用以下分群方法：

（1）规模较大的自繁自养养殖场，可根据生理阶段分为种公羊群及后备公羊群、轻空胎母羊群、重胎泌乳母羊群、后备母羊群和肉羊等群体。

（2）规模较小的养殖场，可直接分为公羊群、母羊群和肉羊群，通过喂料量来控制饲喂效果。

2. 设施设备的选择

在使用 TMR 饲料饲养技术中能否对全部日粮进行彻底混合是非常关键的。因此，羊场应具备能够进行彻底混合的饲料搅拌设备。TMR 饲料搅拌机容积的选择：一是应根据羊场的建筑结构、喂料道的宽窄、圈舍高度和入口等来确定合适的 TMR 搅拌机容量；二是根据羊群大小、干物质采食量、日粮种类、每天饲喂次数以及混合机充满度等选择混合机的容积大小，通常，$5 \sim 7 \ m^3$ 搅拌车可供 $500 \sim 3\ 000$ 头饲养规模的羊场使用。

3. 添料顺序和混合时间

饲料原料的投放顺序影响搅拌的均匀度，一般投放原则为先长后短、先干后湿、先轻后重。添加顺序为精料、干草、副料、青贮料等。不同类型的混合搅拌机采用不同的次序，如果是立式搅拌车应将精料和干草的添加顺序颠倒。

根据混合均匀度决定混合时间。一般是最后一批原料添加完毕后再搅拌 $5 \sim 8 \ min$ 即可。若有长草要铡切，需要先投干草进行铡切后再继续投其他原料。干草也可以预先切短再投入。注意：搅拌时间太短，原料混合不匀；搅拌时间过长，TMR 饲料太细，有效纤维不足，使瘤胃 pH 降低，造成营养代谢病。

4. 原料含水率的要求

TMR 饲料日粮的水分要求在 $45\% \sim 55\%$。当原料水分偏低时，需要额外加水；若过干饲料颗粒易分离，造成挑食；过湿则降低干物质的采食量，并有可能导致日粮的消化率下降。简易测定水分的方法是用手握住一把 TMR 饲料，松开后若饲料缓慢散开，丢掉料团后手掌残留料渣，说明水分适当；若饲料抱团或散开太慢，说明水分偏高；若散开速度过快且掌心几乎不残留料渣，则水分偏低。

（二）应用 TMR 饲料的优点

1. 确保日粮营养均衡

由于 TMR 饲料各组分比例适当，且混合均匀，羊每次采食的

TMR 饲料中,营养均衡、精粗料比例适宜,能维持瘤胃微生物的数量及瘤胃内环境的相对稳定,使发酵、消化、吸收和代谢正常进行,因而有利于提高饲料利用率,减少消化道疾病、食欲不振及营养应激等。据统计,使用 TMR 饲料可降低肉羊发病率 20%。

2. 提高羊的生产性能

由于 TMR 饲料饲养技术综合考虑了肉羊不同生理阶段对纤维素、蛋白质和能量需要,整个日粮较为平衡,有利于发挥羊的生产潜能。

3. 提高饲料利用率

采用整体营养调控理论和电脑技术优化饲料配方,使羊采食的饲料都是精粗比稳定、营养浓度一致的全价日粮,它有利于维持瘤胃内环境的稳定,提高微生物的活性,使瘤胃内蛋白质和碳水化合物的利用趋于同步,比传统饲养方式的饲料利用率提高 4%。

4. 有利于充分利用当地饲料资源

由于使用的 TMR 饲料是将精料、粗料充分混合的全价日粮,因此,可以根据当地的饲料资源调整饲料配方,将秸秆、干草等添加进去。

七、崇明白山羊保种基地饲料应用实例

崇明白山羊保种场的饲料主要以当地的农作物秸秆如大豆秸秆、青贮玉米为主,在处理加工和饲喂方式上经历从刚开始的粗饲料不经加工直接饲喂,到应用简易设备加工 TMR 饲料,到现在应用智能化设备加工 TMR 饲料的多个发展阶段,据场内以不变价格测算,应用 TMR 饲料后,单在减少饲草料浪费方面就节约成本 14.08%。

考虑到 TMR 饲料设备加工参数的要求和保种基地的生产规模,当前保种基地内羊的日粮分为全价基础精料、全价重胎与哺乳母羊补充料和全价羔羊补充料等精饲料和以大豆秸秆、青贮玉米为主的粗饲料。通过按比例添加全价基础精料、大豆秸秆、青贮玉米和水加工成基础 TMR 饲料,全场饲喂,对于重胎与哺乳母羊和羔羊再另加补充料。对于规模大的养殖场可以按不同生理阶段羊的需求,直接配制应用 TMR 饲料。

各类日粮的配方可根据场内原料贮存情况和生产实际进行适当调整,当前保种基地内的日粮配方见表 5-2、表 5-3、表 5-4 和表 5-5。

表 5-2　崇明白山羊保种场基础精料
（2017 年 2 月）

原　料	配比（%）
玉米粉	58
豆　粕	27
麸　皮	7
食　盐	0.5
磷酸氢钙	1
小苏打	1.5
预混料	5

表 5-3　TMR 饲料配方
（2017 年 2 月）

原　料	配比（%）
大豆秸秆（90%左右干物质）	17.5
青贮玉米（30%左右干物质）	55
基础精料（90%左右干物质）	20
水	7.5

表 5-4　重胎与哺乳母羊补充料
（2017 年 2 月）

原　料	配比（%）
玉米粉	55
豆　粕	30
麸　皮	7
食　盐	0.5
磷酸氢钙	1
小苏打	1.5
预混料	5

表 5 - 5 羔羊补充料

（2017 年 2 月）

原　料	配比(%)
玉米粉	52
豆　粕	20
苜蓿草粉	10
奶　粉	10
食　盐	0.5
磷酸氢钙	1
小苏打	1.5
预混料	5

第六章
牧草种植、周年轮供、青贮和农作物副产品利用

一、主要牧草的栽培技术

人工种植牧草要像种粮一样,采用科学的栽培技术,才能获得预期的产量和效益。

(一)饲料玉米

饲料玉米(图 6-1)喜温热,为一年生禾本科植物。茎秆粗壮,直径 2 cm 左右,分早熟、中熟、晚熟 3 种类型,适合种玉米的地块种植活株高 2.5～3.0 m,至玉米晚熟期,生长期 125 天左右,秸秆仍为绿色,一同进行收割、粉碎、青贮。青贮玉米营养丰富,淀粉和可溶性碳水化合物含量高,木质素含量低,单位面积产量高,一般 666.7 m² 产 5 000 kg 以上,收获时具有较多的干物质含量,与其他青贮料相比,具有较高的能量和良好的吸收率。

图 6-1　饲料玉米

1. 品种选择

饲料玉米的品种较多,其中"白顶"和"沪青一号"长期以来一直是

上海地区青贮饲料玉米的主栽品种。在大面积生产中,前者产量较高,达 5 000 kg/666.7 m²,但易倒伏,成熟期晚 15 天左右;后者果穗比重较高,达 20% 左右,产量 4 500 kg/666.7 m²。

2. 整地

将土地深耕 30 cm,耙平,结合整地开沟作畦,修好四面排水沟。要求做到畦平沟直,沟沟相通,排灌畅通。

3. 播种方法

每年谷雨前后播种,采用穴播坐水种,每 666.7 m² 施底肥二胺 15 kg,出苗后及时间苗和定苗,每 666.7 m² 保留 6 万株。饲料玉米采用创掩点种或机械条播,行距 60～70 cm,株距 20～30 cm,每公顷播种量 2.5～60 kg,机械双条播或扣种均可。

4. 田间管理

出苗后要查苗,缺苗时要立即混种或催芽补种。后期造成缺苗时要就地补栽,力求达到全苗。在长出 3～4 片叶时进行间苗,保留大苗、壮苗;长出 5～6 片叶时定苗,留下与行间垂直的壮苗,使田间通风良好。同时进行第一次中耕、除草和培土,到拔苗时进行第二次中耕、除草和培土,在中期除草的基础上,追肥和灌水 1～2 次(每公顷追速效氮肥 150～225 kg,过磷酸钙 5～7 kg)。玉米是异花授粉植物,还要进行人工辅助授粉,以消灭秃尖和缺粒,提高籽实产量。

5. 收获和利用

适时收割,一般在霜前割完、贮完。乳熟期的玉米要进行全株青贮,故乳熟以后收割的玉米都不应掰下果穗青贮,株干连果穗青贮可以顶替精料用,能提高青贮料的质量。

(二) 黑麦草

黑麦草(图 6 - 2)为禾本科植物,在春、秋季生长繁茂,草质柔嫩多汁,适口性好,是牛、羊、兔、猪、鸡、鹅、鱼的好饲料。供草期为 10 月至次年 5 月,夏天不能生长。目前较好的品种有多花黑麦草、冬牧 70 黑麦草,均为一年生牧草。

1. 黑麦草的特点

黑麦草须根发达,但入土不深,丛生,分蘖很多,种子千粒重 2 g 左右。喜温暖湿润土壤,适宜土壤 pH 为 6～7。在昼夜温度为 12～27℃ 时再生能力强,光照强、日照短、温度较低对分蘖有利,遮阳对黑麦草生

图 6-2 黑麦草

长不利。耐湿,但在排水不良或地下水位过高的地方不宜生长,可在短时间内提供较多青饲料,是春秋季畜禽的良好草资源。营养丰富,鲜草中含粗蛋白 2.6%,每 666.7 m² 产粗蛋白 175 kg。

2. 栽培技术

(1) 饲料专用地黑麦草栽培技术

1) 整地:在饲料专用地黑麦草栽培一般是与暖季型牧草或饲料玉米连作。每年于 9 月底暖季型牧草或饲料玉米收获后翻地、整地。且由于黑麦草种子小而轻,整地要求细而平。每 666.7 m² 施用氮磷钾复合肥 25 kg 作基肥或粪肥 1 000 kg 做基肥。作畦,畦宽 2 m,两畦间挖排水沟,宽 0.25~0.3 m,深 0.25~0.3 m。畦面土耙细。

2) 播种:黑麦草种子发芽的适宜温度一般为 13~20℃,低于 5℃或高于 35℃则发芽困难。春播适宜 3 月播种、秋播适宜 10 月初播种,播种以育苗移栽、撒播或条播为主。撒播操作简便,条播则便于刈割与中耕、施肥。晚稻收获后,犁翻碎土,按幅宽 1.5~2 m 起畦,整平后以每 666.7 m² 1.5~2 kg 的播种量撒播或按行距 20~30 cm 条播,播后用钉耙翻压一次,然后灌水,保持土壤湿润即可。

育苗移栽需提前 20 天,按 666.7 m² 播 4~5 kg 的用种量在已平整好的苗床上育苗,当苗高 20 cm 左右时淋湿苗床并带土移出,随移随栽,每穴 2 棵,穴距 20~30 cm。幼苗移栽后淋水,1 周后便返青生长。每 666.7 m² 苗床可满足 0.53~0.66 hm² 大田生产所需。播种后要保持土壤湿润,干旱时要适当浇水,以促使种子发芽与幼苗生长。

3) 收获:黑麦草株高达 40~50 cm 时收割鲜草,要像割韭菜一样割下喂羊。此时草嫩,利用率高,且割后能促使分蘖,加快生长。冬末春初,由于气温低,黑麦草生长慢,要到来年的 2 月才能刈割。3～5 月,随着气温的上升,黑麦草的生长速度加快,每隔 15～20 天即可刈割 1 次。前 3 次刈割要贴地平割,有利分蘖,以后可留茬高 5～7 cm,以增加刈割次数。每刈割 1 次,要中耕、追肥、浇水一次,每次追肥 666.7 m² 用尿素 5～10 kg。

(2)稻茬黑麦草栽培技术

1)在晚稻收获前 20 天左右,将黑麦草种子用温水(35℃左右)浸泡 5～8 h,捞起沥干水后拌上细沙撒播于水稻田中,收稻时尽量低割,以免稻茬影响黑麦草的收割。

2)播种量:应根据茬口、播期和播种方式的不同而作相应的调整。播期越早,用种量越小。10 月中旬至 11 月上旬播种的水稻茬田块,每 666.7 m² 播种量 2～3.5 kg。

3)田间管理:稻茬黑麦草田应尽早腾茬(收获水稻),腾茬后应立即开沟,做到排水畅通。

若遇干旱,必须沟灌抗旱争出早苗,因播期太晚,不能再延长出苗期。尽早补施提苗肥,每 666.7 m² 施尿素 10～15 kg,促早发,争早苗、壮苗、足苗,以弥补因晚播造成的晚苗、小苗和基本苗数的不足。以后每隔 15～20 天再追肥 2 次,总施碳铵 30～40 kg/666.7 m²。在 12 月中、下旬重施腊肥,每 666.7 m² 施碳铵 40 kg 和过磷酸钙 25 kg。在 1 月上、中旬施早春肥,每 666.7 m² 施碳铵 30～40 kg。为防止草头腐烂,建议于割草 3～5 天后追肥,并结合灌水。苗期中耕除草 2 次,每次收割后中耕除草 1 次。此外,在栽培过程中注意防治病虫害。

4)收获:秋播黑麦草可割青 4 次,每 666.7 m² 鲜草总量 7 500 kg 左右。前 2～3 次收获可平地刈割,有利分蘖,以后留茬 5～7cm 有利。每收割青 1 次,追施碳铵 20 kg/666.7 m²。一季黑麦草包括提苗肥、腊肥和追肥在内的总施氮肥量为碳铵 150 kg/666.7 m²,折合纯氮 25 kg/666.7 m²。由于崇明地区种植的黑麦草后茬多数是水稻、饲料玉米,多数农户在 4～5 月中旬收割 1 次,每 666.7 m² 鲜草产量为 4 000～5 500 kg。

二、青饲料周年轮供

安排好牧草(饲料作物)的周年生产计划,以达到全年均衡供应青饲料。下面介绍几个崇明地区牧草种植的茬口安排和延长牧草供草期的栽培技术模式,供参考。

1. 多花黑麦草+饲料玉米

每年于 9 月底饲料玉米收获后,翻地、整地,10 月初播种多花黑麦草。5 月初黑麦草第二次收获后,翻地、整地,6 月初用播种机播种饲料玉米,9 月底收获、青贮。

2. 多花黑麦草+苏丹草

这是崇明地区白山羊和淡水鱼养殖场常年采用的模式。上述黑麦草的分期播种技术与后熟饲料玉米作物的衔接方法同样适用于此模式。

3. 分期播种延长多花黑麦草青饲供应期的生产技术

多花黑麦草的播期较宽,每年的 3 月上、中旬和 8 月中旬至 11 月上、中旬均可播种。可以通过调节播期、播量、搭配耐寒(早发)和耐热(后劲足)的品种间作,延长黑麦草的供应期。例如,黑麦草第一期播种时间可以提前到 8 月 15 日,供应 9 月中旬(暖季型牧草的衰季)的饲草。此后,每隔 10 天分批播种,为使前期产量高,加大种子用量至每 666.7 m^2 7.5 kg。9 月 25 日草长到 40 cm 时进行第一次收割,每 666.7 m^2 产量为 900 kg 左右;第二次收割在 10 月 30 日,每 666.7 m^2 产量为 1 500 kg 左右;第三次收割在 11 月 30 日,每 666.7 m^2 产量为 1 100 kg 左右。次年气温回升后,黑麦草在 10℃ 以上能生长,2 月底又可收割 1 次,每 666.7 m^2 产量 2 000 kg。8 月 15 日播种的全年鲜草产量可达 7 000 kg/666.7 m^2。也可在 3 月初春播,提供 6 月份(常规牧草生产上冷季型与暖季型牧草青黄不接时期)青饲,每 666.7 m^2 产量可达到 2 000 kg 左右。冬季气温下降至 15℃ 以下时萌发缓慢,也不适宜播种,刈割后的牧草再生也慢,可以收获 9 月底播种的黑麦草,提供冬季青饲。

黑麦草一生可收获 3~4 次,但随着收获次数的增加,每次收获的鲜草产量会降低。4 月初第二次收获的牧草产量尚有 1 200~1 700 kg/666.7 m^2,至 5 月初收获产量已不足 1 000 kg/666.7 m^2,至 6 月初则只有 100 kg/666.7 m^2 的产量。因此,可在 4 月上、中旬尽早灭茬,安排下一熟暖季型牧草或饲料作物的生产。

一般情况下,成年羊每天需青饲料 4~5 kg,666.7 m^2 饲草可供

15～20头成年羊全年饲用。

分期播种意味着分期灭茬,使下一熟暖季型牧草也能分期播种和分期收获,从而达到青饲周年轮供的目的。

三、青贮

将乳熟期玉米(或其他牧草、农作物藤蔓)切碎后,在密闭无氧环境下,通过微生物厌氧发酵和化学作用,制成适口性好、消化率高、营养丰富的青贮饲料的一种有效措施。青贮分为一般青贮、半干青贮和添加剂青贮等类型。通常所讲的青贮,其实就是一般青贮。另外,现在使用较多的微贮应归添加剂青贮一类。

(一)一般青贮

1. 一般青贮的优点

(1)青贮可调节青绿多汁饲草的平衡,在饲草生长旺季时,将其调制为青贮料,把营养成分保存下来,在冬季、初春无法供给新鲜饲草时饲喂家畜,补充青绿多汁饲草的不足。

(2)青贮可以保持新鲜牧草的营养价值,调制青贮几乎不受日晒、雨淋等天气条件的影响,氧化分解程度低,维生素、可溶性糖类等高营养价值的养分损失小,并减少了机械作业造成的落叶损失。

(3)青贮可以提高饲草的适口性和利用率,饲草经发酵后营养多汁,质地柔软,具有浓郁的酸香味,消化率高,能增进家畜食欲,并具有轻泻作用,对防治便秘、保持家畜健壮有一定功效。

(4)青贮可以节省饲草加工调制的成本,扩大饲草来源,解决饲草的长期安全贮存。青贮不需特殊建筑,费工不多,只要掌握好技术要领,可贮6～10年之久,也不受季节限制,随时能供应多汁饲料。

(5)青贮可减少农作物病虫害。如很多危害玉米的虫卵或病原菌多潜伏在秸秆内越冬,通过青贮过程中的无氧和高酸度,可将这些虫卵或病原菌等杀死,同时一些杂草种子经过青贮调制后也会失去发芽能力,起到一定的除杂草作用。

2. 一般青贮的基本条件

(1)厌氧环境 青贮原料发酵必须在厌氧条件下进行,否则好气性微生物就会繁殖,对发酵不利。因此,青贮过程中一定要保持贮窖良好的密闭性,原料装填时必须尽量压紧,减少原料间的缝隙。

（2）适宜的水分含量　青贮原料的适宜水分含量为 65％～70％。水分过低,原料装填时会难以压实,产生较大的缝隙,残留空气;水分过多,会使梭菌大量繁殖而影响青贮料的品质,同时还会损失营养物质。

（3）适宜的青贮温度　乳酸菌的生长繁殖温度为 20～30℃。温度过高,乳酸菌就会停止活动,致原料糖分损失,维生素被破坏,致青贮料品质下降。

（4）一定的含糖量　这里的"糖"指的是可溶性碳水化合物,它是乳酸菌发酵的底物,所以青贮原料中要有一定的含糖量。一般要求饲草新鲜基础的 2％或干物质的 8％～10％以上。

3. 玉米秸秆青贮数量关系

666.7 m^2 地产鲜玉米秸秆 1 500～2 000 kg,晒干后合干秸秆 500 kg 左右,青贮 1 m^3 需鲜玉米秸秆 600 kg 左右,666.7 m^2 玉米能青贮 2.5 m^3 左右。

4. 玉米秸秆青贮的方法及步骤

（1）建青贮窖的基本要求　选择在地势高、环境干燥、地下水位低、距羊舍较近、远离水源和粪坑的地方。青贮窖要坚固耐用,不透气,并且不漏水。可挖成长方形或正方形,用砖和水泥将窖底和四周进行浆砌,四角要砌成半圆形,利于排气压实;四面墙壁略向外轻倾,呈倒梯形,以防倒塌。窖的大小根据所养家畜品种和数量来定。1 m^3 青贮窖装秸秆 500～700 kg。肉羊每天的饲养量为 2～3 kg,据此可推算建窖的容积。

（2）把握好收割时间　带穗青贮的要在乳熟后期收割;不带穗青贮的要在籽实收获后抓紧收割;秸秆水分含量要求在 70％左右。判断方法:用力抓握切碎的秸秆,以指缝间有汁液渗出但不下滴为宜。

（3）切碎　用青饲料粉碎机械或秸秆揉搓机械将青玉米秸秆切断、揉碎,长度以 3～5 cm 为宜。青贮料的含水量要求在 65％～70％。因此,如秸秆含水量偏低,则需在揉搓作业时在原料中加适量水。判断方法:用力抓握揉碎的秸秆,从指缝中见到水珠,但不下滴为含水量适中。

（4）装窖　首先在窖底垫一层 10 cm 厚的干草,以吸收青贮秸秆中多余的水分。然后一层一层地装填,每装 15～20 cm 厚要进行踩实,逐层装至高出窖口 60 cm 为止。装填中要把四角与靠墙部位压实,以免滞留空气,造成秸秆局部腐败。

（5）密封　秸秆装至高出窖口 60 cm 时，铺平整好，覆盖上塑料薄膜，四边封严。在塑料薄膜上铺一层长稻草或麦秸，然后封上 30 ～ 50 cm 厚的土，用铁铲拍压成馒头状（或屋脊状），以利排水。在窖的四周挖排水沟，以防雨水渗入。要经常检查，当窖顶出现裂缝时要及时覆土压实。经 30～50 天即可开窖取用。质量好的青贮秸秆呈黄绿色，有酸香味，柔软松散不沾手、不发热，有凉爽感。如青贮秸秆颜色发黑，有臭味，黏结成块或发霉、发热，说明已经变质，不能再喂羊。

5. 青贮料制作与使用注意事项

（1）适时收割玉米秸秆。一般选用夏播中晚熟玉米品种，果穗成熟、大部分秸秆茎叶青绿时收割。收割时应剔除整株枯黄或霉烂变质的秸秆。

（2）"六随三要"。随割、随运、随切、随装、随压、随封，连续进行，一次完。原料要切短，装填要踩实，设施要封严。

（3）装窖时，边切、边摊、边踏紧踏实，尤其是窖的四边、四角一定要踏紧踏实。每天秸秆的收割数量根据切碎揉搓机械的工作量而定，当天收割的当天切碎入窖，不应堆积过夜，以防杂菌繁殖发霉。原则：青贮原料的含水量以 65％～75％ 为宜，装料应逐层装入，速度要快，并且压实，有利于乳酸菌的活动和繁殖。封口要严密，防止漏水漏气。秸秆装至高出窖口 60 cm 以上时即可加盖封顶。先盖 20～30 cm 厚的切短秸秆或软草，并将铺盖塑料薄膜用土压实，顶部要突起，以利于排水。

为提高营养价值，也可在青贮料中添加 0.3％（含氮量为 46％）的尿素和少量食盐（不高于 0.3％），均匀地撒拌于原料中。秸秆要逐车称量，以确定尿素、试验添加量和便于经济核算。

（4）青贮窖四周要挖排水沟，防止雨水渗透，并经常检查，发现裂缝，及时覆土压实，防止漏气、漏水。同时使用塑料薄膜垫盖，可防止漏气。

（5）在取用青贮料时，应从一端开始，切不要打洞掏心，以防止其表面长期暴露，影响饲料品质。

（6）青贮窖开启后，若中途停喂，则必须按原来方法将盖封好，保证不透气、不漏水。

（7）当青贮料表面发霉变质时，应及时取出废弃，以防中毒引发其他疾病。

（8）用青贮料饲喂时应有一个逐渐过渡的适应过程,饲喂量应由少至多,经7～10天逐渐达到正常用量,每日每羊参考喂量1～3 kg,停喂时也要由多到少逐渐减少。

6. 青贮料质量评定

青贮料质量评定有现场评定和实验室评定两种。

（1）现场评定　在生产实践中常常采用一些简单而直观的方法来判断青贮料质量,例如色泽、气味和质地等。

1）色泽:若青贮前饲料作物为绿色,青贮后呈黄绿色为最佳。青贮容器（或青贮堆）内青贮料的温度是影响颜色的主要原因。温度越低,青贮料便越接近于原先的颜色。对于禾本科牧草,温度高于30℃,颜色变成深黄;当温度为45～60℃,颜色近于棕色;超过60℃,由于糖分焦化近乎黑色。青贮料的汁液是很好的指示器,通常颜色越浅,表明青贮越成功,升温越快,效果越好,禾本科牧草尤其如此。

2）气味:品质优良的青贮料通常具有轻微的酸味和水果香味,类似刚切开的面包味和香烟味（由于存在乳酸所致）。如为陈腐的脂肪臭味以及令人作呕的气味,说明产生了丁酸,这是青贮失败的标志。霉味则说明压得不实,空气进入青贮窖,引起饲料霉变。如果出现一种类似猪粪尿的极不愉快的气味,则说明蛋白质已大量分解。

3）质地:植物的结构（茎叶等）应当能清晰辨认。结构破坏及呈黏滑状态是青贮料严重腐败的标志。

以上所介绍的用经验判断青贮料质量的方法,常常是不够精确的。在有条件的地方应当通过实验室方法,以科学地判断青贮料质量。

（2）实验室评定

1）pH:<4.2。

2）有机酸组成:乳酸1.5％～2.5％,乙酸0.5％～0.8％,丁酸<0.1％。

3）氨态氮/总氮:<8％。

4）微生物组成（个/g原料）:乳酸菌>106,嗜氧菌<103,酵母<102,霉菌0。

7. 青贮制作和使用过程中的环境保护

（1）青贮渗出液　青贮原料经过切短、挤压、发酵可产生渗出液,据报道,经 18 周的贮藏,60 m³ 塔贮的渗出液为 172 L/t,9 m³ 塔贮的渗出液为 146 L/t,累计损失量有时高达 300 L/t。青贮渗出液以生物细胞的活性水为主,有少量化学生成水和游离水,成分中除了可溶性糖、维生素和钙、磷、钾、镁以及微量元素外,还含有微生物和微生物代谢的产物,其成分繁多复杂,如不经处理直接排放会造成环境污染和资源浪费,青贮渗出液进入河道,微生物活动迅速增加,耗尽氧气,会造成鱼和其他水生物的死亡;用其浇灌菠菜,第二天会枯死等。故在建造青贮窖时应考虑渗出液的收集和利用问题。

(2)青贮废料 青贮原料制作中不可避免地会有少量的变质,应妥善处理好这部分废料,防止对环境产生不良影响。

（二）半干青贮

1. 半干青贮的原理

半干青贮,又叫低水分青贮。调制方法与一般青贮基本相同。区别在于青饲料收割后,需平铺在地面上晾晒(预干)1~2 天,当原料水分含量降到 45％～55％时装填。这样,植物细胞液变浓,渗透压增高,在密闭的青贮窖中可造成对微生物的生理干燥和厌氧环境。由于对青贮原料进行预干,其发酵作用受到抑制,尤其是丁酸菌、腐生菌等有害微生物区系的繁殖受到阻碍,从而使青贮料中的丁酸显著减少,同时也能克服高分子青贮由于渗液而造成的养分损失。因此,在半干青贮过程中,微生物发酵较弱,蛋白质分解少,有机酸产生量较少,半干青贮原料中的含糖量以及青贮过程中产生的乳酸量或酸碱度的变化显得不太重要,从而比普通青贮法扩大了原料的范围。在普通青贮中被认为不易青贮的原料也都可通过半干青贮获得较好的贮存。但是,尽管半干青贮可对微生物造成生理干燥状态,限制其生长繁殖,保证高度厌氧的条件仍然十分重要。

2. 半干青贮的优点

(1)适用范围广 从青贮技术上来说,半干青贮料的调制,为难以用一般调制的含蛋白质的饲料作物提供了新的青贮方法。特别是可解决大面积生产苜蓿,又难以调制干草的难题,因此,采用半干青贮法是获得优质青贮料的有效措施。

(2)保存养分多 与干草调制和制作一般青贮料相比,半干青贮料能保存更多的养分。将青绿饲料调制成干草,常因落叶、氧化、日晒、光照等作用,很难保留饲料中的叶片和花序,养分损失可高达 35%～40%,胡萝卜素损失可达 90%;而半干青贮料几乎安全保存了青绿饲料的叶片和花序。与一般青贮料相比,由于半干青贮发酵过程慢,同时有高渗压,抑制了蛋白质水解和丁酸的形成,因而养分损失较少,并且干物质含量高,采食量高。

(3)饲喂效果好 用同样原料调制成半干青贮料,较干草和一般青贮料质量高,饲喂效果好。有些地区将半干青贮料用来代替肉羊日粮中的干草、青贮料和块茎料,简化了饲喂手续,降低了管理费用,并且均获得了良好的经济效果。

3. 半干青贮的特点

调制半干青贮料的关键所在是青绿饲料收割后需要预干,为了保证半干青贮料的质量,预干的时间越短越好。在南方地区,青绿饲料生产较丰的春夏季节,因阴雨天较多、温度高,较难进行青绿饲料的预干处理,如南方地区的紫云英最佳的水分含量高达 90%以上。因此,半干青贮的制作受气候条件限制仍然较大。

(三)微贮

在秸秆中加入微生物高效活性菌种——秸秆发酵活杆菌,放在水泥窖、缸、塑料袋等中贮藏,经一定的发酵过程,使作物秸秆变成具有酸香酒味的味、食草家畜喜食的粗饲料。不仅提高了秸秆的营养价值和消化率,而且提高了适口性。由于它是在贮藏状态下利用微生物使秸秆进行发酵,故称秸秆微贮饲料。微贮秸秆制作要求特别严,贮制成功的微贮饲料成本低,每吨秸秆仅需 3 g 秸秆发酵活杆菌,加工成本仅为尿素氨化饲料的 20%。微贮饲料不仅有青贮料的气味芳香、适口性好的特点,而且还具有饲料来源广,干、青秸秆都能制成优质的微贮饲料和制作不受季节限制,制作简便,密封 30 天即可开窖利用的特点。

四、农作物副产品利用

随着崇明地区农作物规模化种植程度的提高和生态岛建设的深化,农作物副产品的处理成为种植户急需解决的问题之一。经过近几年的努力,在部分种植场附近建立崇明白山羊养殖场,将农作物副产品作为羊的饲料,羊的粪便经堆肥发酵处理后用作农作物的有机肥,形成了循环农业,取得了不错的效果。当前崇明地区常用的农作物副产品有芦笋根、花菜叶、青菜杆、红薯干等。下面简介前两种。

（一）常用农作物副产品

1. 芦笋根

指芦笋除去人食用部分后余下的下脚料，色白，较硬（图 6-3）。

图 6-3 芦笋根

（1）营养成分 经 2015 年检测，芦笋根营养成分见表 6-1。

表 6-1 芦笋根营养成分（%）

水分	粗蛋白	粗脂肪	粗纤维	粗灰分	能量	钙	总磷	中性洗涤纤维	酸性洗涤纤维
92.9	1.09	1.1	20.4	6.1	12.8	0.24	0.22	32.8	22

（2）利用方式 切碎或切短后直接饲喂。

（3）存在问题与注意事项

1）应用的季节性较强，有芦笋供应才有。

2）大规模应用时的粉碎较困难，难以应用到 TMR 饲料中。

3）应用时注意与其他饲料的配合，以达到营养均衡，避免长期单一使用。

2. 花菜叶（图 6-4）

（1）营养成分 见表 6-2。

图 6 - 4　花菜叶

表 6 - 2　花菜叶营养成分(%)

水分	粗蛋白	粗脂肪	粗纤维	粗灰分	能量	钙	总磷	中性洗涤纤维	酸性洗涤纤维
84.6	3.87	0.4	1.4	2.7	15.4	0.62	0.04	2.5	2.1

（2）利用方式　切碎后直接饲喂。

（3）存在问题与注意事项

1）应用季节性较强,收集后如何保存,以便于长期利用,有待于进一步研究。

2）应用时注意与其他饲料的配合,以达到营养均衡,避免长期单一使用。

（二）农作物副产品常用处理方法

农作物副产品一般经过处理后利用,目前生产中较多应用物理处理法、秸秆氨化法,以及一般青贮、半干青贮、微贮法进行处理。下面简介前两种。

1. 物理处理法

利用人工、机械、热和压力等方法,改变秸秆的物理性状,便于羊只饲用。

（1）切短与粉碎　利用加工机械将秸秆切短或粉碎处理后，便于羊咀嚼，减少能耗和饲喂过程中的浪费，提高采食量，也易于和其他饲料配合。据试验，秸秆经切短或粉碎后，采食量可增加 20%～30%。崇明白山羊养殖中常用的大豆秸秆，可采用粉碎方式加工，选用孔径为1～1.5 cm 筛网，加工时做好防尘通风工作。

（2）浸泡　一般先将秸秆切短或切细，再加入一定量的水进行浸泡，使其质地软化，提高适口性。在育肥生产中，常将切细的秸秆加水浸泡并拌上精料饲喂，以提高饲料利用率。

（3）蒸煮　将秸秆放在具有一定压力的容器内进行蒸煮，能提高其营养价值，而且消化率显著提高。

2. 秸秆氨化法

在秸秆中加入一定量的氨化物（氨水、无水氨、尿素）溶液进行处理，利用碱和氨与秸秆发生分解反应，破坏木质素与多糖之间的酯键，提高秸秆的营养价值和可消化性。用尿素氨化秸秆，每吨秸秆需尿素40～50 kg，溶于 400～500 L 清水中，待充分溶解后，喷洒于切碎的秸秆并搅拌均匀，然后一批批装入窖内，摊平、踏实、密封。待数周发酵成熟后开封饲用。

第七章
羊场的建设

一、场址选择

选择地势较高、排水良好、通风干燥、向阳透光、饲料来源便利、水源充足、水质良好的地方建造羊场。切忌在低洼、潮湿、风口处建设羊场。考虑到防疫安全需要，羊场与居民区、公路、牲畜市场和畜产品加工厂保持 500 m 以上。另外，羊场最基本设施——羊舍最好建在村庄的下风头和下水头，以防影响周边环境。

二、用地面积

在建造羊舍时，可依所养羊的性别、年龄、生理状况等不同参照下列数据，种公羊为 1.5～2.0 m²，母羊为 0.8～1 m²，育成羊为 0.6～0.8 m²，3～4 月龄羔羊为 0.3 m²。对于以舍饲为主的种羊舍，要有不少于羊舍面积 2 倍的运动场。

随着规模化养羊场的发展，新建养羊场建设用地应遵循统一规划、合理布局、因地制宜、配套完善、节约用地、适度前瞻的原则。

养羊场建设用地包括羊舍建筑用地、附属配套设施用地和绿化隔离带用地 3 项。羊舍建筑用地指种公羊舍及运动场、母羊舍及运动场、育成羊及肉羊舍、人工授精室及隔离羊舍用地；附属配套设施用地指生活与管理设施用地、疾病防控设施用地、饲草料加工贮存设施用地、粪污处理设施和围墙（防疫沟）道路等用地；绿化隔离带用地指羊舍之间绿地和 3 个功能区之间的绿化隔离带用地。

根据养羊场生产经营模式和饲养规模应考虑配套饲料田和产业化经营用地，现推荐上海养羊场建设用地指南（表 7-1），以供参考。

表7-1 上海市养羊场建设用地指南

年出栏（头）	平 均 用 地 标 准(m²/头)			
	生产设施	附属设施	绿化与隔离带	合 计
500	2.45	1.91	1.31	5.674
1 000	2.417	1.60	1.205	5.222
3 000	2.31	1.105	1.025	4.44
5 000	2.27	1.06	1.00	4.335
10 000	2.27	0.99	0.98	4.233

注：① 本指南适用于年出栏种羊、肉羊500头以上生产规模；② 生产规模介于两个用地指标之间的，可取其平均值，也可酌情依上值或依下值；③ 养羊场建设用地指标不包括配套饲料田用地，如需配套按生产规模每10头配套667 m²地计；④ 养羊场建设用地指标不包括产业化经营用地，如需配套建设屠宰加工、有机肥厂等须另行申报。

三、羊场布局与设施

规模化养羊场应坚持分区建设和管理的原则，按生产区、生活与管理区、隔离区3个功能区布局，羊场周边建围墙和防疫沟。各功能区之间用围墙、围栏或绿化带隔离，做到布局合理，结构紧凑。

羊场的基本设施主要包括羊舍建筑设施、生活管理设施、疾病防控设施和饲料加工贮存设施等。生产区包括种公羊舍、母羊舍、育成羊与肉羊舍及人工授精室、草棚、饲料仓库、青贮窖、兽医室、消毒更衣室、堆粪场；生活与管理区包括办公室、职工食堂、宿舍、车库等，应设在场区内主导风向上风处；隔离区包括隔离羊舍、病羊舍及病尸解剖室、废弃物无害化处理池。生产区和隔离区应设在场区主导风下风处，生产区入口应建消毒池，场内道路分净道、污道，以方便生产和不造成交叉感染为准则。房前屋后应多种植矮品种常绿树木，场区内除必要的道路、场地采用水泥地坪外，尽可能多植树种草，既可充分利用土地资源，又可美化环境、净化空气和防暑降温。

四、羊舍建造

（一）羊舍模式

一般坐北朝南，或坐西北朝东南方向，以砖木结构为主，选材以经济、实用、耐用为原则。因各地气候不同，羊舍有封闭式羊舍、开放式与半开放式羊舍;按舍顶造型可分为单坡式、双坡式羊舍、楼式羊舍等多种。崇明地区常见的有以下 3 种。

1. 长方形羊舍

这是我国养羊业采用较为广泛的一种羊舍形式。这种羊舍建筑方便,实用性强,可根据不同的饲养方式、饲养品种设计内部结构、布局和运动场。以舍饲或半舍饲为主的羊场和专业户应在羊舍内部安置草架、饲槽和饮水等设施,以舍饲为主的羊舍可修成单列式或双列式。在向阳处设置小门与外侧运动场相连,在走道一侧修一排带有颈枷的围栏饲槽,用于饲喂精料。饮水设施设置在靠墙处,有条件的可使用乳头式饮水器。草架通常制成可移动,晴好天气放置在运动场,如遇下雨则移至舍内。羊舍内可隔成小间,分成小群饲养。

2. 楼式羊舍

为保持羊舍的通风干燥,可修建漏缝地板楼式羊舍。这种羊舍高出地面 $1\sim2$ m,安装吊楼,上为羊舍,下为承粪斜坡,后与粪池相连。楼面为漏木条地面。木条宽 5 cm、厚 2.5 cm、缝隙 2.2 cm,双坡式屋顶用瓦或稻草覆盖。这种羊舍的特点:具有一定高度,防潮、通风透气性好,结构简单。

3. 塑料棚舍

这种羊舍适合饲养肉羊或育肥羊。它因陋就简,利用农村现有的蔬菜大棚或羊舍的运动场,搭建好骨架后,扣上密闭的塑料薄膜而成。骨架材料可选用木材、钢材、竹竿、铁丝等。塑料薄膜可选用白色透明、透光好、强度大、厚度为 $100\sim120$ μm 的膜(如聚氯乙烯、聚乙烯膜等)。塑料棚舍可修建成单斜面式、双斜面式,半拱形和拱形,薄膜可覆盖单层,也可双层。一般采用简单、最经济实用的单斜面单层单列式膜棚,建筑方向坐北朝南,棚舍中梁距地面 2.5 m,后墙高 1.7 m,前沿墙高 1.1 m,后墙与中梁间用木材搭棚,中梁与前沿间用竹片搭成拱形支架,上面覆盖单层或双层膜。棚舍前后跨度 6 m、长 10 m,中梁垂直地面与前沿墙距离 $2\sim3$ m,山墙一端开门,高 1.8 m、宽 1.2 m,供饲养员和羊群出入,在前沿墙基 $5\sim10$ cm 处留进气孔,棚顶开设 $1\sim2$ 个排气百叶窗,排气孔面积为进气孔的 $1.5\sim2$ 倍,棚内可沿墙壁安放饲槽、产羔栏等设施,棚内圈舍可隔成小间,供不同的羊使用。

（二）羊舍建造标准

羊舍应建造在羊场中心,修建数栋羊舍时,应长轴平行配置,前后对齐。羊舍间应相距 10 m 左右,以便于饲养管理和采光,也有利于防疫。

1. 羊舍面积

养羊场的饲养规模和羊群结构是决定羊舍面积的重要因素。不同性别和生长阶段的羊,其舍饲密度不同,为便于计算及设计,羊舍占地面积统一如下:种公羊(含后备公羊)一般一羊一圈或两羊一圈,每头占地 5 m²,并配有 2 倍面积的运动场;母羊按不同生理状况(空胎、妊娠或哺乳)分圈,每头平均占地面积 1.8m²,并配有 1 倍面积的运动场;育成羊和肉羊按群养计算,每头平均占地面积 1m²;羔羊断乳前一般与母羊同圈饲养,可不计面积。

2. 门窗与采光

为保证羊舍内有充分的光线,羊舍高度通常为 2.5 m 左右,羊舍门高不小于 2 m,羊舍窗户为地面面积的 1/15,设在向阳的一侧,距地面 1.5 m 以上,材质以木材为好。南方地区可在羊舍南面修筑 0.9～1.0 m 的半墙,夏天上半部敞开,以利通风防暑,冬天可挂塑布遮风,以利保暖。

3. 羊舍内地面处理

舍内地面应高出舍外地面 20～30 cm,要求平整、坚固耐用,由内向外呈缓斜坡,以便清扫粪便和污水。

崇明地区气候潮湿,地面最好设置羊床,离地面 0.8～1.0 m,用木条或竹片做成漏缝床面,粪尿从缝隙中漏到下面。缝隙宽要小于羊蹄的宽度,以免折断羊腿。羊床清洁干燥,有利羊的躺卧休息,有效地防止疾病的发生,提高羊的成活率,羊床关养的比平地的增重快 7%～8%。

4. 墙体

墙体对羊舍的保温起着重要作用,一般多采用土、砖等建造。近年来,金属铝板、钢构件和隔热材料等已用于各类畜舍建筑中。用这些材料建造的羊舍(主要是墙体),不仅外形美观、性能好,而且造价也不比传统的砖瓦结构建筑高多少,是未来大型集约化羊场建筑的发展方向。

5. 屋顶和天棚

屋顶应具备防雨和保温隔热功能。挡雨层可用石棉瓦、金属板和油毡等制作。在挡雨层的下面应铺设保温隔热材料,常用的有玻璃丝、泡沫板和聚氨酯等。

6. 运动场

运动场面积一般为羊舍面积的 2 倍。单列式羊舍应坐北朝南排列,运动场应设在羊舍的南面;双列式羊舍应南北向排列。运动场地面应低于羊舍地面,并向外稍有倾斜,便于排水和保持干燥。

7. 围栏

羊舍内和运动场四周均设有围栏,其功能是将不同大小、不同性别和不同类型的羊相互隔离开,并限制在一定的活动范围之内,以利于提高生产效率和便于科学管理。围栏高度 1.5 m 较为合适,材料可以是木栅栏、铁丝网、钢管等,但必须有足够的强度和牢度。

8. 食槽与草架

食槽一般呈倒梯形,长 2 m,上宽 35 cm,下宽 30 cm,深 15 cm。底部为圆形、四角形或圆弧形,以便清洁打扫。最好在食槽边设置隔栏,以保证每头羊能均匀地吃到饲料。山羊很爱清洁,如所喂饲草一旦被羊踩踏过或被羊粪尿污染,就拒绝采食。因此,常用草架放置饲草。草架常用竹木条钉成“V”字形,架子固定在墙边或羊栏边或羊舍中间,草架要高出地面 50～70 cm,做到既不让羊跳入,又能让羊吃到草。

9. 饮水槽

一般为砖、水泥结构,供羊自由饮用。饮水槽要便于加水、清洗,不易被羊踢翻。现代规模化羊舍采用自动饮水器。

10. 食盐筒(瓶)

可用小竹筒或饲料瓶在四周瓶壁上打上小洞,筒(瓶)中放入食盐,吊在离地 50～60 cm 高处(根据羊体高而定),羊就会自动舔食。食盐易吸水、潮解,盐水会从小洞中自动流出来,因而不要每天加盐,又不会污染和浪费,也不会因摄入过量而中毒。

11. 产羔栏

产羔期间,为加强对产羔母羊和羔羊的管理,提高羔羊成活率,经常使用产羔栏。产羔栏多用木板制作,每块高 1 m,长 1.5 m,使用时靠墙围成 1.2～1.5 m² 的小栏,放入 1 头带羔母羊,一般在产羔栏内饲养 7

天,使母羊完全认羔。

12. 药浴设施

可用水缸或大口锅在春秋季药浴时将羊全身浸入,也可用喷雾器喷淋,在使用喷淋时一定要淋透。如果养羊数量多,而且经济条件许可,也可砌一药浴池。药浴池为水泥砌成的长方形的水泥池,深 80～100 cm,长 6～8 m,池底宽 40～60 cm,上口宽 60～80 cm,以 1 头羊可通过但不能转身为原则,入口一端斜坡稍陡,使羊快速入池,出口稍缓,可以自己越出药浴池。

五、环境控制与粪污无害化处理

(一)羊舍环境要求

1. 温度

羊舍适宜温度 0～30℃,即冬季不低于 0℃(产羔羊舍 8℃以上),夏季不超过 30℃。北方养羊应重视保暖,南方养羊则应注重防暑降温,如建羊舍时选用廉价隔热材料,窗门设挡板遮阳或增加绿化面积,通过植物的光合作用和蒸腾作用,减轻太阳辐射热。

2. 光照

羊舍采光要充足,羊每天需要的光照时间,公、母羊为 8～10 h,妊娠母羊为 16～18 h。羊舍一般采用自然光照,故修建羊舍时要考虑适当的光照系数,即窗户有效采光面积与舍内地面面积之比,成年羊舍应为 1：(15～25),羔羊舍应为 1：(15～20)。

3. 湿度

山羊忌湿喜干,羊舍以相对湿度 50%～70% 为宜。为此应做好排水工作,以保持羊舍干燥。排水设施由排尿沟、降口、地下排水管和粪水池组成。排尿沟设于羊圈后端,至井口有 1°～15°坡度。井口连接排尿沟和地下排水管,上盖铁网,以防粪草落入;下设沉淀井,以沉淀尿水中的粪渣,防止堵塞管道。地下排水管与粪水池有 3°～5°坡度,容量能贮存 1 个月的粪水尿液,并距离羊场饮水源 100 m 以外。

规模化养羊场采用高床式羊舍,可节省人力,提高劳动生产效率。即羊圈下挖 0.5 m 为承粪面,上铺漏缝地板形成羊床,羊粪于此漏下,可定期除粪,尿流入排尿沟与地下排水管相通。漏缝地板一般采用竹木制成拼接块,便于清扫和消毒。

4. 通风

为保持舍内空气新鲜,一般以自然通风为主,根据季节变换情况,定时开启门窗,排出污浊空气。规模化羊舍应设屋顶或气窗,必要时采用机械通风。

(二)羊场废弃物的污染与无害化处理

养羊对环境的影响主要是羊粪、尿、尸体及相关器官组织、垫料、污水及过期兽药、疫苗、包装物等对环境的污染,应积极主动地采取针对性处理措施,如建造羊舍时应考虑雨污分离排放设施,废弃物集中堆放销毁、粪尿还田,送化制站焚烧或深埋,对所排放的废弃物进行综合治理利用,实现废弃物无害化。

1. 废水的处理

养羊场排放的废水主要有清洗羊舍场地和器具产生的废水及对羊只进行清洗药浴后的废水。废水应通过地下排水设施进入废水处理池,不得排入附近的水产养殖水域或饮用水域。经无害化处理的废水尽量还田,羊场与农田之间建立有效的输送管网,实现资源化利用。

2. 粪便的无害化处理

山羊的粪便通过无害化处理,可杀死粪便中的病原菌和一些虫卵。一般采用堆肥发酵和沼气发酵处理。堆肥是以粪便为原料的好氧性高温发酵,处理后的粪便为优质的有机肥。沼气发酵是以粪便为原料,在密闭、厌氧条件下的厌氧性消化,产生的沼气可供羊场使用。

经无害化处理后的粪便应符合《粪便无害化卫生标准》(GB 7959)的规定,废渣应符合《畜禽养殖业污染物排放标准》(GB 18596)的有关规定(表 7 - 2)。

表 7 - 2 畜禽养殖业废渣无害化环境标准

控 制 项 目	指 标
蛔虫卵	死亡率≥95%
粪大肠菌落数	≤10^5 个/kg

3. 病死羊尸体的无害化处理

因病死亡的羊尸体含有大量病原体,严禁随意丢弃、出售或作为饲料,以防止疫病的传播与流行。根据不同的疾病种类和性质,按《畜禽病害肉尸及其产品无害化处理规程》(GB 16548)的规定,采取焚烧或深埋方法处理。对危害性较大的传染病(如炭疽、气肿疽等)病羊的尸体,应用密闭的容器运送到最近的化制站作无害化处理;一般性病尸或无条件运送病尸的羊场,应在动物疫病监管部门指定的地点设置安全深埋坑(深度 2 m 以上),填埋病尸时,尸体上覆盖一层石灰。

六、崇明白山羊保种场建设实例

下面以崇明白山羊保种场棚舍建设的参数为例,以供参考。

（一）羊场整体布局

崇明白山羊保种场整体分为生产区、生活和管理区、饲料加工区、生产隔离区等功能区,各功能区间以道路或防疫沟隔离。生产区按功能分为育成母羊舍、产房、重胎母羊舍、轻空胎母羊舍、公羊舍和育成公羊舍等(图 7-1)。

图 7-1 崇明白山羊保种场整体布局

（二）生产区规划

1. 生产母羊(以 250 头为例)

（1）母羊生产周期 生产母羊分为空胎、轻胎、重胎和哺乳四个阶段进行饲养。

1）空胎母羊 30～40 天：从母羊断奶至发情配种，共 30～40 天，为空胎母羊期。

2）轻胎母羊 90 天：以母羊配种第 1 天至第 90 天，为轻胎母羊期。

3）重胎母羊 60 天：从母羊配种后的第 91 天开始至产羔，为重胎母羊期，共 60 天左右。

4）哺乳母羊 60 天：从母羊产羔至羔羊断奶，为哺乳母羊期，共 60 天左右。

整个生产周期共 250 天左右。

（2）母羊的理想结构　根据母羊的生产周期，250 头基础母羊的羊场的理想羊群结构：空胎母羊 30～40 头，轻胎母羊 90 头，重胎母羊 60 头，哺乳母羊 60 头。

（3）母羊棚舍安排　考虑到周转，及发情产羔季节性等因素，各阶段羊的棚舍可能要适当放大，即空胎羊舍容量 80 头，轻胎母羊舍容量 120 头，重胎母羊舍容量 100 头，哺乳母羊舍容量 100 头。

2. 断乳羔羊

（1）羔羊数量　根据生产母羊的生产周期，平均每头母羊 2 年 3 胎，每胎 1.7 头计算，平均每年每头母羊提供羔羊 2.5 头，250 头基础母羊每年可产羔 625 头，按 80% 的成活率计算，共可提供羔羊 560 头。按 1：1 的性别比例计算，可提供公羔和母羔各 280 头。

（2）羔羊棚舍安排　总的容量适当放大，羔羊的总容量需要安排在 800 头左右，公、母各 400 头。

整个羊场设计时各类羊舍的安排，按容量可参考肉羊数：轻空胎母羊数：重胎母羊数：哺乳母羊数＝8：2：1：1 的比例进行设计。

（三）棚舍参数

1. 羊舍的分类

羊场内羊舍总的可分为种公羊舍、空胎母羊舍、轻胎母羊舍、重胎母羊舍、产房、断乳(后备)母羊舍和断乳公羊舍七类。种公羊舍主要饲养配种公羊和后备公羊；空胎母羊舍主要饲养处于空胎时期的母羊；轻胎母羊舍主要饲养配种 90 天以内的母羊；重胎母羊舍主要饲养配种

90～140 天的母羊;产房主要饲养配种 140 天至羔羊断乳前的母羊和羔羊;断乳(后备)母羊舍和断乳公羊舍分别饲养断乳后的母羊和断乳后的公羊。分类后的优点有:一是可根据不同羊的营养需要特点进行分料饲喂;二是便于进行棚舍的消毒、疫苗的免疫、驱虫等常规工作;三是便于根据不同羊的需求进行功能设施的配置;四是便于棚舍栏杆的标准化配置。

2. 羊舍的布局

羊场内不同类型棚舍的布局可按断乳公羊舍、种公羊舍、空胎母羊舍、轻胎母羊舍、重胎母羊舍、产房、断乳(后备)母羊舍的顺序进行。优点有:一是空胎母羊舍与种公羊舍靠近,有利于母羊的发情,同时也有利于发情的观察和配种的操作,特别是尚未应用人工授精的羊场;二是有利于不同生理阶段羊的转群工作;三是断乳公羊舍与断乳(后备)母羊舍相距较远,防止小公羊乱逃偷配。

3. 羊舍的类型

保种场内羊舍根据地形采用长方形双列式棚舍,全宽 8 m,两侧羊舍各宽 3 m,中间过道(净道)2 m(图 7 - 2),用于撒料车辆行走,羊舍外边两侧设置污道宽 1.5 m(图 7 - 3),用于羊只的运输和人员走动。羊棚内用漏缝地板,地板向下留 40 cm,作为刮粪通道(图 7 - 4)。

图 7 - 2　长方形羊舍内部净道

图 7 - 3　长方形羊舍外侧污道

图 7 - 4　长方形羊舍下方粪道及刮粪设施

4. 羊舍设施设备的配置

（1）种公羊舍

1）饲养密度：种公羊舍每舍饲养 1 头种公羊，占地面积 3～4 m^2，确保种公羊有一定的运动场。

2）地面：采用高床方式，地面用漏缝地板，材料可用木质或竹质，中间漏缝为 1～1.5 cm。

3）羊栏杆：采用加固的钢质材料或砖墙，相邻舍间隔不可用透明材料，栏杆间隔 15～20 cm，栏杆高度不低于 1.5 m。

4）水槽、食槽：水槽可选用鸭嘴式或碗式。对于鸭嘴式应做好冬季的防冻工作，高度以羊的高度为准；对于碗式，碗口上沿应比羊尾巴

图 7－5　种公羊舍

略高,防止羊粪落入水碗污染水源。食槽可根据场内的实际情况选用合适的。

（2）空胎母羊舍、轻胎母羊舍、重胎母羊舍

1）饲养密度:空胎母羊舍、轻胎母羊舍、重胎母羊舍内每头羊占地1.5 m²左右,设计时考虑食槽的长度,每头成年母羊所占食槽长度不少于0.4 m。

2）地面:采用高床方式,地面用漏缝地板,材料可用木质或竹质,中间漏缝为1～1.5 cm。

3）羊栏杆:羊栏杆间隔15～20 cm,栏杆高度不低于1.5 m。

4）水槽、食槽:水槽可选用鸭嘴式或碗式。对于鸭嘴式应做好冬季的防冻工作,高度以羊的高度为准;对于碗式,碗口上沿应比羊尾巴略高,以防止羊粪落入水碗污染水源。食槽可根据场内的实际情况选用合适的。

（3）产房

1）饲养密度:产房内每头成年羊占地3～4 m²,设计时考虑食槽的长度,每头成年母羊所占食槽长度不少于0.4 m。

2）地面:采用高床方式,地面用漏缝地板,材料可用木质或竹质,中间漏缝为1～1.5 cm,产房地面可加铺1.2 cm孔径的白色或无色尼龙

图7-6 产房布局

平网,防止初生羔羊卡脚。

3) 羊栏杆:产房栏杆 50 cm 以下,间隔不大于 5 cm,50 cm 以上间隔 15～20 cm,栏杆高度不低于 1.5 m。

4) 产房布局:产房可采用套间形式,三间为一套,两边为成年母羊区,中间为羔羊区,羔羊区与母羊区用小门隔开,小门宽度不大于 20 cm,高度在 25 cm 左右。

5) 水槽、食槽:水槽可选用碗式或鸭嘴式。对于鸭嘴式应做好冬季的防冻工作,高度以羊的高度为准;对于碗式,碗口上沿应比羊尾巴略高,防止羊粪落入水碗污染水源。食槽可根据场内的实际情况选用合适的。羔羊区设置羔羊补料槽。

6) 保暖设施:在产房内设置保暖设施,电暖的须防止母羊咬电线。保温箱的防止羔羊窒息。

(4) 断乳公羊舍和断乳(后备)母羊舍

1) 饲养密度:断乳公羊舍和断乳(后备)母羊每头羊占地 0.5～1 m²,设计时考虑食槽的长度,每头羊所占食槽长度不少于 0.2 m。

2) 地面:采用高床方式,地面用漏缝地板,材料可用木质或竹质,中间漏缝为 1～1.5 cm。

3）羊栏杆：断乳公羊舍和断乳母羊舍栏杆 50 cm 以下，间隔不大于 8 cm，50 cm 以上间隔 15～20 cm，栏杆高度不低于 1.5 m。

4）水槽和食槽：水槽可选用鸭嘴式或碗式。对于鸭嘴式应做好冬季的防冻工作，高度以羊的高度为准；对于碗式，碗口上沿应比羊尾巴略高，防止羊粪落入水碗污染水源。食槽可根据场内的实际情况选用合适的。

5. 饲草料加工设施设备的配置

（1）饲草加工　羊场配置饲草粉碎机（图 7-7、图 7-8）和除尘设施，干草分别粉碎后再混合利用。粉碎所用的筛网孔径 1.2～1.5 cm。视羊场规模配置简单的饲草混合设备，应用全价的 TMR 饲料。

图 7-7　智能化饲草加工设施（一）

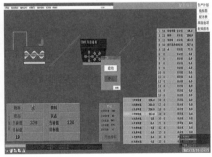

图 7-8　智能化饲草加工设施（二）

（2）精饲料加工　视羊场规模配置精饲料的粉碎与混合设备（图 7-9）。

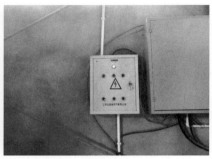

图 7 - 9　精饲料加工设备

（3）青贮窖　可根据场内生产实际,配置青贮取料设备和合适容积的青贮窖(图7-10),崇明地区建议采用地上式的,窖壁需要加固,防止制作过程中倒塌。窖底应留排水口排到污水池内。

图 7 - 10　青贮取料设备和青贮窖

6. 环境设施

规模化羊场配置污水池、干粪棚和病死羊的无害化处理设施。羊场生产过程中产生的污水相对较少,污水池容量主要考虑青贮窖中排出的污水。保种基地采用两层设施,下层为污水处理池,上层为干粪堆集棚(图7-11)。

7. 运输设备

羊只运输、饲草料运输,根据棚舍特点选用普通的电动三轮车适当改装而成。

8. 通风降温设施

集约化羊舍的通风降温设施(图7-12)非常重要。一般夏天采用大功率排风扇的方式,冬天采用定时短期屋顶抽排风的方式。

图 7 - 11　粪污收集棚(池)

图 7 - 12　羊舍通风降温设施

9. 消毒设施

采用自动喷雾与手推高压喷雾(图 7 - 13)。

图 7 - 13　羊舍内消毒设施

七、小型羊场实例

1. 农民散养户

一般农户饲养以积肥和自食为主,饲养管理比较粗放,大多采用半舍饲方式,白天下田劳动,随手牵着羊,用绳子一头拴住羊的头颈,一头绳梢衔根小木棒插入地里,让山羊在有草的小路边、沟边、坟堆边吃草。农民在收工时割一点草,将羊牵回家,晚上在棚内饲喂。雨天靠割杂草舍饲,冬季饲喂干草和农作物秸秆,有条件的补饲些麦麸、瘪谷等育肥。羊圈以简陋的棚屋为舍,一般设在高燥处,圈内垫放一些草木灰或干土,保持干燥清洁,便于积肥。一般每天饮水 1 次,饲草以青草为主,不喂精料。山羊喜食地毯草、独尾草、牛筋草、蒲公英、野苋菜、小蓟等,以及海滩的嫩芦苇等。冬季一般喂晒干的甘薯藤、大豆秸、花生藤、青杂草等。母山羊在重胎期及哺乳期喂以适口性好的鲜嫩青草。肉用公山羊至 5~10 kg 时进行阉割,长到 30 kg 左右屠宰食肉,肉质鲜嫩,无膻味。

2. 专业养殖户

专业养殖户存栏规模一般在 300 头以下,以舍饲为主,充分利用自有的房屋或搭建塑料大棚,紧凑型设置单列或双列简易高架漏空羊床。羊床用竹子、木材切割成细条间隔 1.5 cm 纵向排列而成,宽度一般不少于 1.5 m(也是木条或竹条长度),长度 2~5 m,按照房屋实际设置隔断,过道一侧放置食槽和饮水盆或鸭嘴式自动饮水器,羊床下积存羊粪,定期清理作为肥料。不设运动场,不设净污道。饲料以利用周边农作物副产品(如芦笋根、花菜叶、蚕豆皮、大豆皮等)为主,辅以少量米糠、小麦、玉米等。少部分有条件的专业户(100 头以下)采用放牧方式,每天下午定时将羊群放牧到周边树林或草地上采食野草,晚上赶回羊舍补充适量精料。肉羊饲养周期一般为 10~15 个月、体重 35 kg 左右出售屠宰。

第八章
饲养管理

一、羊场生产结构模式

在规模化养羊场,应有合理的羊群结构,它是工厂化、流水式肉羊生产的框架。按生产用途分群,就商品生产而言,可分为种用公羊群(圈)、繁殖母羊群(圈)、育肥肉羊群(圈)等。

母羊比例涉及羊群的发展和生产潜力,因崇明白山羊一般年繁殖只有 2～3 头,故母羊比例应占羊群总数的 40%,才能达到 70%～90%的出栏率。其中母羊的年龄要求大部分为 2～5 岁,每年选留后备母羊为 20% 以上,与淘汰母羊比例基本相当,才能保持较高的繁殖力。当年育肥羊应占 50%～60% 的比例,保持较高的出栏率。

采用人工授精技术的养羊场,应充分利用优良种公羊,故公、母比应控制在 1 :(50～100)。拥有 1 000 头生产母羊的羊场,公、母比应控制在 1 : 100 以上,后备公羊占种公羊数的 30%。据此标准可推算崇明白山羊养殖结构模式。如年出栏种羊和肉羊 1 000 头的养羊场,养殖结构模式为生产母羊 330～340 头,后备母羊 60～70 头,种公羊 10 头(其中后备公羊 2～3 头),育成羊和肉羊 660～670 头。以此类推。

二、主要经济技术指标

为衡量和掌控养羊效益的好差、产量的高低,需要一整套的指标来说明,有经济类的,也有技术性的,通过各种指标的计算,了解养羊生产总体情况,发现存在的问题。

(一)存栏数

存栏数即为一个养羊场(户)在年末(或年初)实有的圈存羊数。它反映了羊群的规模大小,与上年度相比可看出饲养规模的变化。

（二）饲养量

年末存栏数加当年出栏数之和为年饲养量,其中不包括死亡数。它综合反映羊场生产规模和生产水平。

（三）出栏数和出栏率

出栏数是指一年中羊场出售的肉羊、淘汰羊、种羊等和自食的头数。

一年中出栏数占年初存栏数的百分比,即出栏率。它是衡量羊场生产水平高低和羊群周转速度的指标。

（四）生长速度和日增重

生长速度是指山羊某个阶段的增重情况,如初生到断乳时的增重量。日增重则是指该阶段每天的增重量。这两个指标既反映山羊品种的优劣和饲养管理水平的高低,也直接关系到经济效益的好差。

（五）饲料利用率

饲料利用率,别称料重比。是指每消耗一单位饲料所获得的羊产品,包括增重、繁殖羔羊、毛皮等。每单位饲料所获得的羊产品越多,饲料利用率越高。它既反映山羊品种的优劣和饲养管理水平的高低,也直接关系到经济效益的好差。

（六）死亡率

羊只死亡数占饲养量的百分比。作为健康指标,应控制在5%～10%。

（七）劳动生产率

指平均每个养羊人员在全年时间内所生产的羊产品或产值。生产的产品越多,劳动生产率就越高,经济效益也越好。

（八）生产成本和利润

指养羊生产中所发生的各项开支,如饲料费、兽药费、雇工工资、引种羊分摊成本、羊舍分摊(折旧)等费用。扣除各项成本后的结余就是利润。

三、日常管理要点

（一）编号

养羊编号是为了便于管理,特别是种羊编号有利于选种选配。为规范畜牧业生产经营行为,建立畜禽及畜禽产品可追溯制度,农业部颁布了"畜禽标识和养殖档案管理办法"。崇明白山羊的标识为一羊一标(耳标),从主管部门购取,在 30 天内固定在左耳中部,需要再次加施标识的,固定在右耳中部,并进行登记。

（二）分圈饲养

崇明白山羊性成熟早,在 2 月龄断乳后,将公、母羔羊分别进入后备公、母羊过渡群饲养,并按羊只大小、强弱分圈。每头羊占地面积 1 m²。母羊按不同生理阶段（妊娠、空怀、重胎）分圈,每头羊占地面积 1.8～2 m²。种公羊一般 1 羊 1 圈或 2 羊 1 圈。

（三）饲喂与饮水

夏季可全喂青草,但要注意每天青草随割随喂。割回的青草不能堆放在一起,以防发热而产生异味或变质,影响羊只采食。不喂有露水、霜冰、变质、霉烂的饲草。饲喂青贮料的比例不宜过大,约占日喂总量的 50％以内,否则容易引起酸中毒。块茎饲料要洗净、切碎,以防羊只争抢发生"噎食",甚至窒息死亡。喂量不宜超过日粮总量的 15％。羊只不宜采食过多精饲料。

保证有充足饮水。山羊每天需水量为体重的 15％～20％,每天供给清洁饮水 2～4 次,炎热天气应在夜间补饮 1 次。

（四）防暑与保温

高温天气不利于羊只健康,要适时打开门窗通风或减少头数。另外,要及时除去垫草,勤出羊粪,以免发酵产热。冬季来临前应关闭门窗、堵塞墙缝,防止贼风,还应加厚垫草,尤其是羔羊舍的保温措施一定要及时到位。

（五）清洁卫生

羊圈要勤打扫,勤出圈,保持圈内干燥,食槽、水槽每天要进行清理,羊舍和生产工具以及周围的环境要定期消毒,如发现疫病要及时隔离,并增加消毒次数。

（六）修蹄与去角

长期舍饲的山羊,蹄壳磨损少,但却不断增生,应及时修蹄,否则易造成行走不便。如羊舍潮湿,还会引起腐蹄。具体方法:放倒羊只,使臀部着地,四肢凌空,除去蹄内面泥土、杂质,用修蹄刀剪去蹄的边沿,使之与蹄底平齐,注意不要修剪过度,以免出血感染。然后用 10％硫酸铜浸泡,每次 2 min,间隔 2～4 天重复 1 次即可见效。

非留种公羊可去角,使之性情温驯,少有争斗,便于管理,还可减少营养消耗。最佳去角时期在 1～2 周龄。具体方法:进行局部麻醉后,采用外科手术或电烙烧灼法,去掉角芽,使之不长角。

（七）阉割

阉割即去势。其目的:一是防止品质差的公羊杂交乱配;二是公羊去势后,有利于生长,且少膻味;三是不孕不育淘汰母羊阉割后易上膘,肉质优。一般公羔 1 月龄即可去势,常用方法有以下两种。结扎法:比较简单,只要用橡皮筋紧紧结扎在阴囊的上部,切断血液流通,大约 2 周后阴囊和睾丸便自行脱落;刀阉法:在阴囊的下 1/3 处切开,挤出睾丸后撕断精索即可。无论采用哪种方法,都必须在去势部位涂抹碘酒,以防感染破伤风。去势前 1～2 天注射破伤风类毒素可有效预防感染。

母羊阉割方法:① 将羊右侧横卧或倒立保定,在左下腹部前下方 4～7 cm 处,术部剪毛,碘酒消毒。② 术者右手持刀,左手捏提皮肤,作约 4 cm 的弧形切口,并分离肌肉和腹膜,打开腹腔。③ 以刀柄或食指插入切口,触摸并勾出一侧卵巢。卵巢硬、呈圆形,大如蚕豆。切除一侧卵巢后通过牵引子宫角找到另一侧卵巢,切除后将子宫角送回腹腔。④ 清理创口,撒上消炎粉,然后一次性缝合腹膜、肌肉和皮肤,涂抹碘酒。⑤ 拉起羊只,使之慢慢走动,让子宫角复位,并单独饲养 1 周,有利伤口愈合和防止感染。

（八）做好记录工作

生产记录是反映羊群动态、用以指导生产和改善饲养管理以及选种育种的依据。每间羊舍应设记录本,每头繁殖母羊设棚圈卡,登记耳号、品种、性别、年龄、毛色等项目,要求饲养人员按实际生产数据认真记录。

年龄主要依靠牙齿来判断。崇明白山羊共有 32 枚牙齿,其中门齿 8 枚全部长在下颌。羔羊出生后 3～4 周,8 枚门齿就已长齐,呈乳白色,比较整齐,形状高而窄,接近长柱形,称为乳齿,这时的羊称为"原口"或"乳口"。到 12～14 月龄后,最中央的 2 枚门齿脱落,换上 2 枚较大的牙齿,颜色较黄,形状宽而矮,接近正方形,为永久齿,这时的羊称为"二牙"或"对牙"。以后大约每年换一对牙,到 8 枚门齿全部换成永久齿时,称作"齐口"。所以,"原口"指 1 岁以内,"对牙"为 1～1.5 岁,"四牙"为 1.5～2 岁,"六牙"为 2.5～3 岁,"八牙"为 3～4 岁。4 岁以后主要根据门齿磨面和牙缝间隙大小判断年龄。5岁羊的牙齿横断面呈圆形，牙齿间出现缝隙；6岁时牙齿间缝隙变宽，牙齿换短；7岁时牙齿更短；8岁时开始脱落。

四、种公羊的饲养管理

（一）饲养原则

在规模化养羊场，优良种公羊担负着繁殖配种任务，其配种能力取决于健壮的体质、充沛的精力和旺盛的性欲。能否提高精子的活力和受胎率，除了种公羊本身的遗传性外，饲养管理是重要的因素之一。种公羊饲养应以常年保持中上等膘情、健壮活泼、精力充沛、性欲旺盛为原则，过肥或过瘦都不利于配种。

（二）分段饲养

分段饲养可分为配种期饲养和非配种期饲养。种公羊在配种期应单圈饲养，以免发生角斗；在非配种期可小群饲养。

（三）饲料供应

种公羊所喂饲料，可因地制宜，但要求饲料营养价值高，要有充足的蛋白质、维生素和矿物质，应喂足青干草，饲料应力求多样化，合理搭配，且容易消化、适口性好。配种期每天补喂精料 0.5～1.5 kg，苜蓿干草或野干草 2 kg 及胡萝卜 1.0 kg、骨粉 10 g、食盐 15～20 g、鱼粉 50 g、微量元素 14%～16%。在配种旺季前 2～3 周开始增加营养，逐渐向配种期标准过渡，确保日粮中含粗蛋白达到 18%，并根据体况和精液品质加以调整，对精液稀薄的种公羊，应增加日粮中的蛋白质含量；当精子活力差时，应加强种公羊的户外运动。配种任务重时每天应补喂 1.5～3 kg 混合精料，必要时在日粮中增加部分动物性蛋白饲料（如鸡蛋），以保持公羊的良好体力和精液品质。配种后复壮期，精料的喂给量不减，增加运动时间，经过一段时间后，再适量减少精料，逐渐过渡到非配种期饲养。非配种季节的公羊要保证吃饱。冬季要保证种公羊有一定的多汁饲料，夏季应注意防暑降温。

（四）运动

种公羊每天至少运动 1 次，行走 2 km 以上。天气晴好时驱赶到运动场内或适当放牧运动，以增强体质，保证能产生品质优良的精液。为促进种公羊血液循环，每天应拭刷公羊的皮毛。

（五）采精次数

种公羊的采精次数要根据年龄、体况和种用价值来确定。1.5 岁左右的种公羊每天可以配种或采精 1～2 次为宜，成年种公羊每天可配种或采精 3～4 次，每次间隔时间 1～2 h，连续配种或采精 2 天应休息 1 天，以免过度消耗养分和精力而造成体况下降。5～6 岁后的种公羊应淘汰。

此外，顺便简述一下后备公羊的饲养为有助于生长发育，既要保证吃饱饲草，又要注意蛋白质、矿物质饲料的平衡供应，并控制好日粮的能量浓度，一般每千克饲料消化能的定量在 10.5 MJ 以下，以免过肥而影响生殖功能。

五、繁殖母羊的饲养要点

（一）繁殖母羊的饲养要点

应着眼于提高受胎率、繁殖率和哺育率，并根据不同时期对营养的需要进行日粮的调配与供应。

1. 配种期

配种前后 2～3 周要加强营养，有利于母羊正常发情和排卵，确保受胎及提高双羔率。多喂青绿多汁饲料，傍晚补精料，每头 250 g，一般在维持营养需要的基础上增加 10％～15％，适当增加维生素 E 和蛋白质饲料，日粮的能量浓度应控制在 10.5～11 MJ。

2. 妊娠前期

通常指配种受胎后的前 3 个月，对能量、蛋白质的需求量较大，营养供应需在维持的基础上增加 15％～25％，并应适当提高饲料的能量与营养浓度，蛋白质的可消化率应在 70％以上。因此，必须饲喂营养丰富的草料，搭配应多样化，适当增加补饲精料。同时要精心护理。

3. 妊娠后期

一般指母羊妊娠的最后 2 个月，胎儿体重的 2/3 在此期发育完成，因此必须保证营养供应，在妊娠前期的基础上增加 50％，并提高饲料能量和蛋白质浓度，增加钙、磷等矿物质饲料。重胎母羊（产前 1 个月）应分圈饲养，每圈 2 头，并加强护理。临产前半个月，应逐渐降低饲料营养浓度和供应量，可在妊娠后期的基础上下降 20％～30％。

4. 泌乳期

母羊分娩后到羔羊断乳为泌乳期。分娩后 1～3 天宜少喂精料，应逐渐提高营养水平和恢复饲料供给量,并增加蛋白质、矿物质及青绿多汁饲料的喂量。为提高母羊的泌乳量,应给母羊饲喂优质的青干草、多汁饲料和适当的精料。体质较弱的哺乳母羊,应将其羔羊吃完初乳后寄养给带羔少、体质好的母羊;体况较好的母羊产后 1～3 天可不给精料,以免造成消化不良和发生乳腺炎。哺乳后期应减少母羊的补饲量,断乳前几天减少哺乳母羊多汁饲料的补喂量,以防发生乳腺炎。断乳后母羊可转入正常饲养。

（二）青年母羊的饲养要点

青年母羊正处于生长发育时期,在良好的饲养管理条件下,可于 6～8 月龄进入繁殖利用阶段。在饲养上以供给优质牧草为主,为保证其生长与增重,每羊每天可补混合精料 0.5 kg 左右。随时供给清洁饮水。日粮配制应注意微量元素、食盐以及钙、磷的含量,以维持正常膘情,防止过肥或过瘦。

六、羔羊的培育

羔羊的饲养应立足于提高成活率,促进生长发育,在饲养管理上,主要把好以下三关。

（一）哺乳关

羔羊出生后,最好要使它在 0.5～1 h 内吃到初乳。初乳是母羊分娩后 1～3 天分泌的乳,含丰富的营养和大量的免疫物质,有利于羔羊的生长和健康。初乳中的镁盐具有轻泻作用,有助于排出胎粪。对于 4 羔以上羔羊应寄养或人工哺乳,以提高羔羊育成率和断乳羔羊个体重。

在出生后 3 天内,每天供乳 4～6 次,每次吸乳 50～60 mL,使之吃足初乳。到 1 周龄时,每天供给母乳和人工乳 3～4 次,每次 150～200 mL,同时采取提早诱饲和补饲措施,即在产羔圈内设置羔羊补饲栏,内放饲槽,投入少量嫩草或精料,只让羔羊自由进出,训练其吃草能力,锻炼肠胃功能,为提早断乳作准备。到 3 周龄喂乳次数减至 1～2 次,每次 400～500 mL,到 4 周龄最好一次性喂乳（含人工乳）500～800 mL。

羔羊代乳粉可自行配制,或委托具有资质的饲料厂代加工,其营养成分指标:粗蛋白≥20%,粗脂肪≥15%,粗纤维≤4%,粗灰分≤8%,钙 0.6%～1.2%,总磷≥0.5%,赖氨酸≥1.5%,水分≤14%。

（二）断乳过渡关

羔羊断乳后，由以食乳为主向以食草为主转变，可在日粮内适量增加蛋白质饲料和维生素、矿物质饲料的平衡供应，以保证骨骼和内脏器官的正常发育，力求缩短过渡期。

羔羊一般 50～60 日龄断乳。方法有以下两种。分批断乳：即先将个体大、体格强壮的羔羊断乳，再将个体小、体质弱的羔羊断乳。一次性断乳：断乳后应将母羊远离羔羊，再让羔羊关在原圈 1 周后再转出。一般多采用一次性断乳，即将母子一次性分开，不再接触，这种方法对羔羊是一个较大的刺激。为减少断乳应激，可采取断乳不离圈、不离群的方法，即将母羊赶走，羔羊留在原圈，保持原来的环境和饲料，断乳后要加强补饲，使羔羊安全度过断乳关。如果同窝羔羊发育不整齐，也可以采取分批断乳。断乳时，要做好称重、公母分群等工作，并填写断乳记录。羔羊断乳后按公母、大小、强弱分群饲养，保证有足够的干草、青草和矿物质饲料。每头羊每天补饲精料 350～400 g，并按要求进行免疫和驱虫等工作。

（三）越冬关

严寒的冬季，对秋羔和冬羔影响很大，为提高成活率，在管理上采取育羔圈加厚垫草等保温措施，在饲养上增加喂料次数，提高日粮中能量比例，早晚供给温热饮水。羔羊开食后，每天应补饲精料。精料内加入少量骨粉（5～10 g/天）和食盐（1～2 g/天）。

近年来，崇明白山羊保种场在提高崇明白山羊羔羊成活率方面做了部分试验，取得了一些成效。具体可总结成以下几个方面。

1. 保种场羔羊保健程序（表 8 - 1）

表 8 - 1　崇明白山羊保种场羔羊保健程序

日　龄	保　健　程　序
0～1	防脐带炎症：脐带浸在碘酊中 30 s 以上
	防羔羊痢疾：土霉素 1～2 mL 灌服
	促进胎粪排出：大黄苏打 2 片灌服
	（不可与土霉素同时使用，间隔 3 h 以上）
3～4	防大肠杆菌病：庆大霉素 1 mL 灌服
6～7	防消化不良、积乳症：乳酶生 2 片、食母生 2 片灌服
9～10	防口炎：维生素 B_2、维生素 B_6 各 0.5 片灌服

2. 羔羊人工哺乳与早期断乳

崇明白山羊虽有产仔率高的优点,但泌乳量却相对不足,特别是对产多羔或产后少乳、甚至缺乳者,易造成羔羊成活率低。通过羔羊人工哺乳(图 8-1)和早期补料的实施,可有效避免该类事件发生。

通过人工哺乳和早期补料技术可实现羔羊的早期断乳:一方面可提高羔羊的成活率,崇明白山羊保种基地从 2014 年初开始尝试应用牛乳与代乳粉相结合的方式进行羔羊的人工哺乳试验,表明初生羔羊经过调教可自己寻找人工乳瓶采食,通过定制的乳架完全可以实现批量化饲喂,羔羊的整体均匀度和成活率优于母乳;另一方面可提高母

图 8-1 羔羊人工哺乳

羊的利用率。当前崇明白山羊繁殖母羊从配种到断乳至少需要 205 天,如通过羔羊的早期断乳,哺乳期由当前的 60 天缩短到 30 天,则可能有效地提高母羊的利用率。

(1) 方法

1~2 日龄:人工喂牛(羊)初乳,每天 4 次,每次 50 mL 左右。

3~7 日龄:人工喂鲜牛乳,每天 4 次,每次 90 mL 左右。

8~15 日龄:人工喂鲜牛乳,每天 3 次,每次 150 mL 左右。

10 日龄开始:少量补充精料。

15 日龄开始:逐步开始补充粗饲料,与精料一起加入。

16~30 日龄:人工喂鲜牛乳(代乳粉),每天 3 次,每次 200 mL 左右。

31~40 日龄:人工喂鲜牛乳(代乳粉),每天 2 次,每次 200 mL 左右。

41~51 日龄:人工喂鲜牛乳(代乳粉),每天 2 次,每次 100 mL 左右。

51~60 日龄:人工喂鲜牛乳(代乳粉),每天 1 次,每次 100 mL 左右。

60 日龄及以后：根据羊的生长发育情况，适时断乳。

图 8 - 2　牛乳的解冻

（2）牛乳加工处理　取到后，分装到小瓶，放入冰箱内冷冻保存。应用时，从冰箱内取出小瓶，放入到 40℃ 水浴锅内解冻（图 8 - 2）。等全部溶解，且内部温度也达到 40℃ 左右后，可取出直接喂羔羊。

（3）注意事项

1）补充精料时，应添加少量牛乳或乳粉诱食。

2）可在牛乳中添加适量的健胃消食等助消化类药物。

3）可在适当时候添加适量的益生菌到牛乳中，以促进胃肠道菌群的调节。

3. 早期补料

（1）补料时间　羔羊 10 日龄左右。

（2）补料料型　粉料与颗粒料均可。在补充的料中可适当添加一定比例优质的苜蓿草粉（10％供参考）和乳粉（20％供参考）可促进羔羊的采食。

七、育肥羊的饲养

育肥的目的，一是增加羊体内的肌肉和脂肪，改善羊肉的品质；二是调节市场淡旺季供应；三是降低生产成本，获取更大的经济效益。不论羔羊还是成年羊，供给的营养物质必须超过它本身组织营养所需。在集约化、工厂化条件下育肥时，最重要的是配制营养丰富、全面、适口性好的饲料配方。舍饲育肥以粗饲料 60％～70％（含秸秆 10％～20％）和精饲料 30％～40％的配合颗粒饲料最佳。

（一）淘汰羊和老残羊的育肥饲养

对于淘汰羊和老残羊，侧重于增加能量供应，注重饲料的适口性，一般育肥 1～2 个月即可上市。

（二）当年羔羊强度育肥

对于当年羔羊上市前 2 个月进行强度育肥，在饲料调供上，注意以下方面。一是矿物质和维生素平衡供应；二是前期蛋白质饲料品质要好；三是进入强度育肥阶段，应控制饲料的能量浓度，提高蛋白质饲料比重，可以含粗蛋白 20％配制精料混合料；四是注重饲料适口性，增加采食量。

（三）肥羔生产

将 1 月龄左右羔羊进入育肥期，或通过人工育羔，缩短后备羔羊期，及早进入育肥期。此种育肥方式，主要为"涮羊肉"生产料肉，经 4～6 周时间育肥到 8～10 周龄屠宰并上市销售。在饲料调供上，以高蛋白低能量的优质草料构成"高蛋低能"日粮，每日定时饲喂 4～6 次，并注意 B 族维生素和维生素 A、维生素 D、维生素 E 与矿物质元素的平衡供应。

八、羊场的信息化管理

以计算机为基础的羊场管理信息系统，是一个由人和计算机组成的综合性系统，以羊场规范化的管理系统为依托和为其服务为最终目的，通过对羊场信息的收集、传输、处理和分析，能够辅助各级管理人员的决策活动，是提高羊场管理质量和效率的重要途径之一。下面简介崇明白山羊保种基地近几年来在信息化管理方面取得的经验，供大家参考。

（一）前期准备工作

1. 制定羊场统一的编码规则，确保每头羊有一个唯一的身份编码

崇明白山羊保种场采用了 8 位的编号规则，前 2 位表示品系号，3、4 位表示出生年份，5 位表示性别，后面表示出生序列号，如编码0116X001 中，01 表示品系，16 表示出生年份，X 表示母羊，001 表示是2016 年出生的第 1 头羊。

2. 羊棚羊舍编号

对场内所有羊棚羊舍按照规则进行编号。

3. 硬件设施、设备

电脑、打印机、U 盘、网络等基础设施、设备。

4. 人员配备

配备会电脑基本操作的工作人员 1~2 名,可兼职。根据保种场当前近千头规模的经验,数据录入工作量每天不超过 1 h。

(二)信息化管理系统的开发

1. 系统的设计

(1) 网络化、开放式的管理软件　信息化管理软件尽可能采用开放式的,便于日后的维护;采用网络版的,不要采用单机版的,为以后物联网及智慧羊场等夯实基础。保种场选用了报表软件平台,在平台的基础上根据场内管理的需要进行了开发。应用平台软件的好处在于场内技术人员可根据生产管理的要求,随时对软件的内容进行优化和完善,避免了定制软件一旦开发完成就很难修改的问题。

(2) 数据采集容易,录入方便直接　信息化管理软件的数据录入应设计得简单直接,根据生产中实际发生的数据直接记录,而不应需要进行计算等。做管理软件的目的在于提高工作效率,数据的采集应是最原始的数据,发生的即是所记录的,后续的计算应由计算机完成。保种基地管理软件内数据录入的表格均是生产中实际发生的原始数据,如:配种记录内只要记录公羊号、母羊号和配种日期;产羔记录只要记录产羔日期、母羊号与羔羊号,而不需要记录母羊产了几头等可通过计算得到的数据等;系谱结构可以从配种记录与产羔记录中计算产生(图 8-3)。

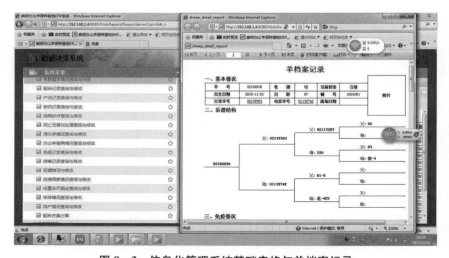

图 8-3　信息化管理系统基础表格与羊档案记录

（3）具有复杂数据报表直接生成和自动发送功能　人员安排原则上数据录入人员与数据报表制作人员应为同一人，报表通过计算机调用基础数据自动完成，督促数据录入员及时准确的录入生产数据。

（4）确保数据安全，进行多重备份　在系统设计之初就要考虑数据安全问题，应对系统数据进行多重备份，确保在硬件设施出现问题时，能快速对数据进行恢复。保种基地信息化系统数据进行了 U 盘和网盘的双重备份。

2. 羊场管理系统的基础功能

羊只生产信息功能：包括羊只的位置、配种、产羔、疾病诊疗、免疫、测定、销售等数据录入与查询功能。

生产统计分析功能：根据生产数据统计并分析羊场生产情况，提供任意时间段统计分析和生产指导信息。

生产信息提醒功能与常规生产工作安排：根据生产数据生成近期工作提醒。

报表生成功能：根据各级管理人员要求，实时生成报表信息。

信息输出功能：与办公软件结合生成常用格式的文件如 EXECL、PDF 等。

3. 羊场数据的分类

（1）日常生产数据　日常生产产生的数据主要有疾病诊疗数据（近期发生过的工作提醒上自动打印出，直接填写，新增加数据由兽医另外记录），配种数据（配种人员根据配种情况记录），产羔记录（工作提醒上自动打印，直接填写），测定数据（工作提醒上自动打印，直接填写），TMR 原料用料数据（TMR 配料记录内自动生成），死亡无害化处理数据（工作人员据实记录）。

（2）定期发生的数据　定期产生的数据主要有免疫记录数据（根据工作提醒上自动打印出，直接填写），转群产生的棚舍变更，销售数据（工作人员据实记录）。

（三）信息化管理系统的应用

1. 对数据进行挖掘利用，指导生产

定期对系统内的历史数据进行挖掘利用，寻找和解决存在的问题。保种基地定期对历史数据进行挖掘，寻找数据的共同点，从而找到问题，摸索解决方法。比如，保种场曾对死亡羔羊的日龄分布情况进行数据分析,发现绝大多数羔羊死亡均在 30 日龄以内后,查阅资料,试验各种方法,摸索羔羊保健方法,有效地提高了羔羊的成活率。通过对存栏繁殖母羊的状态进行数据分析(图 8-4),对每头母羊繁殖性能进行评估,选出优秀母羊,淘汰劣质母羊,提高羊场的生产效率。

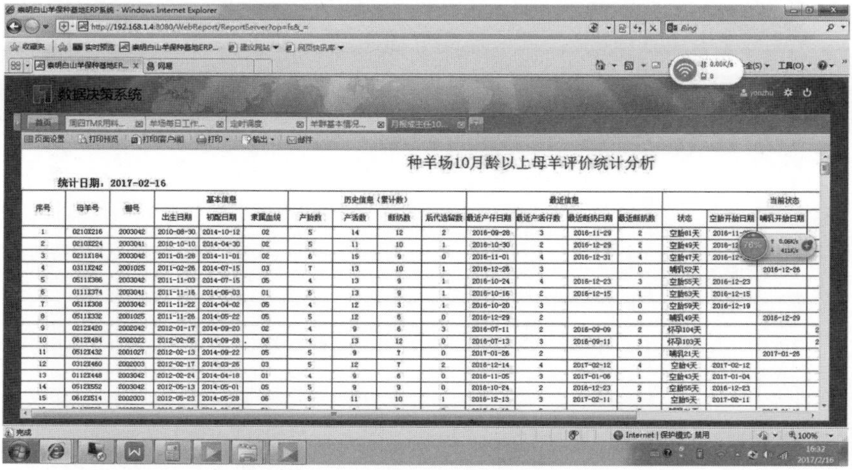

图 8-4 羊场繁殖母羊的统计分析

2. 自动生成工作提醒,安排日常生产工作

信息化管理软件不但是记录数据的工具,而且要将数据用于指导生产,安排工作,达到"有数据才能生产,生产了又产生新的数据"良性循环,制定合理的工作流程和方法,做到既要便于生产过程数据的记录,又要便于数据的录入。如保种场信息化管理系统可自动生成日常工作提醒(图 8-5、图 8-6、图 8-7),提前一天将工作提醒打印派发给相关人员,相关人员按工作提醒要求完成工作后,在工作提醒上记录完成的细节数据,再交给数据录入人员录入到系统内,以此形成良性循环。

3. 根据设定自动生成统计报表和分析报表

保种场每月需报送多份报表,虽然不同部门对报表内容要求的侧重点有所不同,但报表的内容均由基础数据经过计算得到。在没有信息化管理系统之前,统计员出现月初较闲、月末忙得不可开交的现象,报表的准确性和准时性均无法保证。通过信息化管理系统的报表自动生成和发送功能(图 8-8),报表制作人员只需提前根据要求做好报表

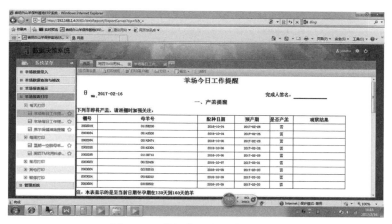

图 8－5　羊场每天工作提醒(一)

图 8－6　羊场每天工作提醒(二)

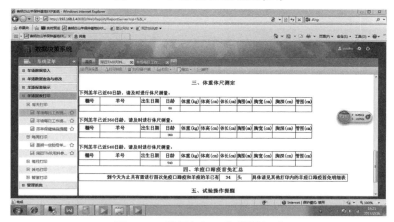

图 8－7　羊场每天工作提醒(三)

格式(图 8-9),同时确保每天录入数据的准确即可,较大地减轻了工作压力。

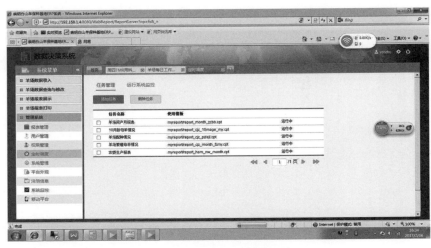

图 8-8　报表定时发送系统

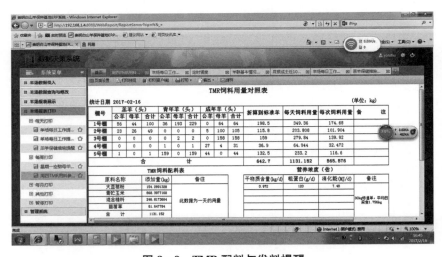

图 8-9　TMR 配料与发料提醒

管理人员通过分析报表可及时了解基地的生产情况,和最近存在的问题,便于及时采取措施,提高管理效率。

今后,通过进一步开发完善信息化系统可与通风、照明、配料、喂料、刮粪等系统通过物联网连接起来,实现智能化管理。

第九章
羊肉产品与肉羊屠宰、加工、贮运及质量检验

一、羊肉类别

在商业上,羊屠宰后的胴体统称为肉,包括肌肉组织、结缔组织、脂肪组织、淋巴、血管和骨等。不同的羊种及其品种,因其所处环境条件的不同,存在形态组织及其所含成分的差异,具有不同的特点,故人们对其利用的程度与方式也各有不同。

按羊种分为绵羊肉、山羊肉。绵羊肉品种有蒙古羊、哈萨克羊、藏西羊、小尾寒羊、湖羊等;山羊肉品种有波尔山羊、南江黄羊、马头山羊、黄淮山羊、崇明山羊等。

按地区来源可分为内蒙古羊肉、新疆羊肉、青海羊肉、宁夏羊肉等。

按羊的性别分为公羊肉、母羊肉、羯羊(阉羊)肉。

按羊的年龄分为肥羔肉(4~6月龄)、羔羊肉(12月龄以内)、大羊肉(12月龄以上)、老残淘汰羊肉。

按羊肉来自不同部位主要分为腿肉、腰肉、肋骨肉、肩胛肉、胸下肉、腹下肉等。

按羊肉状态分为鲜羊肉和冻羊肉。

按羊肉品质分为特级肉和一、二、三级肉。

按羊肉质量安全标准分为无公害羊肉、绿色羊肉、有机羊肉(表9-1)。

表 9－1　我国无公害羊肉、绿色羊肉、有机羊肉比较

名　称	认证标准	标　志	认证方法	认证机构
无公害羊肉	允许任何等级可使用限品种、限量、限时间的安全人工合成化学物质	由各省、自治区、直辖市先后制定了不同的认证商标	按产地环境、生产过程、最终产品进行质量认证	国家农业部
绿色羊肉	A级允许使用限量、限品种、限时间的安全人工合成化学物质；AA级不允许	国家工商局注册了由太阳、叶片和蓓蕾组成的质量认证商标	实行检察员制度，以实地检查认证为主，检测认证为辅	中国绿色食品发展中心
有机羊肉	不允许使用任何人工合成化学物质，为纯天然、无污染、安全营养食品	国家工商局注册了有机食品标志	基本同上	国家环境保护总局有机食品发展中心

注：人工合成化学物质主要为农药、兽药、肥料、饲料添加剂等。

二、羊肉产品的性状与功效

（一）羊肉

羊肉味甘，性温，无毒。主治虚痨寒冷、补中益气、安心止惊；补气虚，补血助阳、益肾开胃、生肌健力。民间将羊肉视为滋补强壮食品，甚至与人参相提并论，故有"小人参"、"肉中之王"的美称。

羊肉的粗蛋白含量高于猪肉，脂肪含量高于牛肉，矿物质含量最高，尤以钙、磷、铁、铜、锌含量显著。而山羊肉的水分和矿物质高于绵羊肉，粗蛋白含量略高于绵羊肉，粗脂肪偏低。羊肉中的维生素 B_1、维生素 B_2 均高于其他肉类。羊肉蛋白质的氨基酸含量是决定羊肉食用价值的重要指标，同其他畜禽肉比较，山羊肉蛋白质的氨基酸含量较多，所烹调的菜肴特鲜。

现代医学研究发现，羊肉中的细胞色素 C 为细胞呼吸激活剂，是组织缺氧引起的各种疾病的急救者。瑞士科学家发现在羊肉中存在着一

种被称为CLA的脂肪酸抗癌物质,对治疗癌症具有明显效果。常吃羊肉,由于其胆固醇含量低,人们患动脉硬化、心脑血管病和肥胖症的概率也低。

（二）内脏及其他

羊的内脏营养很丰富,是烹制传统珍馐佳肴的食材,具有一定的养生保健作用。

1. 肾（腰、腰子）

味甘,性温,无毒。主补肾气虚弱、益精髓、腰膝酸软、肾虚劳损、消渴。为菜肴"炝羊腰"、"熘羊腰花"、"羊肾粥"、"核桃羊肾"的主料。

2. 肝

味苦,性寒、无毒。100 g羊肝含有大量的维生素A,为猪肝的3倍多,牛肝的10多倍。羊肝益血、明目,主贫血、肝风虚热、眼睛红痛和热病后失明、雀目、青光眼、夜盲症、白内障。为菜肴"烧羊肝"、"炝羊肝"、"爆炒羊肝"、"滑熘羊肝丝"的主料。

3. 胃（肚）

味甘,性温,无毒。主治反胃,止虚汗,补虚益脾,血气不足,消渴,小便频数。为菜肴"爆羊肚"、"麻辣羊肚"、"烧肚片"、"烩仁丝"的主料。

4. 心、肺

心味甘,性温,无毒。主心气惊悸,郁气不乐,恍惚,臆气,温补心阳。为菜肴"朱砂心丁"、"灵羊肉片"的主料。

肺味甘,性温,无毒。主补肺,止咳嗽,伤中,补不足,去风邪。为菜肴"羊肺羊肉汤"、"羊肺羹"的主料。

5. 脑、脊髓、脂、血

脑性温,无毒。补脑;脊髓味甘,性温,无毒。主男女伤中,女子血虚风闷,阴阳气不足,利血脉,益经气;脂味甘,性热,无毒。同羊乳一起作羹,可补肾虚和防男女中风;可止下痢脱肛,去风毒和产后腹中绞痛;羊血味咸,性平,无毒。可止血、祛瘀、治跌打损伤,生饮可解毒,热饮主治女人血虚中风和产后血闷欲绝。为菜肴"炸羊脑"、"益智羊脑汤"、"余玉柱"、"羊脂粥"、"羊血泡馍"的主料。

6. 头、蹄

味甘,性温,无毒。安心止惊,缓中、止汗、补胃,治男子五劳引起的阴虚、潮热、盗汗,热病后宜干食用,患冷病的人不要多食。为菜肴"白片羊头肉"、"砂锅羊头"、"红扒羊蹄"、"烧蹄筋"、"人参羊蹄筋"等的主料。

7. 眼、舌

眼主治目赤及翳膜;舌主补中益气。菜肴有"灯笼鼓"以羊眼睛为原料;"红焖羊舌土豆泥"以羊舌为主料。

(三)食用骨

羊骨是由骨组织、骨髓和骨膜所组成。食用骨包括头骨、脊骨、尾骨、胫骨、角、齿等。骨营养丰富,蛋白质、脂肪的含量与等量鲜肉相似,钙、磷、铁、锌等矿物元素是鲜肉的数倍。骨蛋白是较为全价的可溶性蛋白质,生物学效价高;骨髓中含有大脑不可缺少的磷脂质、磷蛋白、胆碱;还有能加强皮层细胞代谢和防衰老的骨胶原、类黏原、酸性黏多糖即软骨素、维生素等。这些营养成分特别有利于儿童的健康成长和老年人的滋补需要,对高血压、骨折、骨质疏松、糖尿病、佝偻病、贫血等有防治功效。

羊骨的用途广泛,用作食补煲汤煮粥,味美效佳;提取油脂、骨髓作保健品;加工骨粉供作畜禽饲料和肥料;还可加工骨胶、骨炭和各种工艺品等。

此外,有关皮的用途,上海郊区习惯将山羊屠宰后用热水烫泡褪毛,去头、蹄后连皮食用。

千百年来,羊肉始终是中华民族,特别是诸多少数民族餐桌上不可或缺的美食,尤其是冬、春季节更是人们青睐的养生保健佳品。

三、羊肉品质评定

(一)产肉性能的测定
现将常用的产肉性能的测定方法摘录如下,供参考。

1. 宰前体重
屠宰前实际所称的体重。

2. 胴体重
屠宰放血后,除去头、去皮、去内脏、切除前肢腕关节以下和后肢趾关节以下部分后,整个躯体(包括肾脏及周围包裹的脂肪),静置 30 min 后所称的重量。

3. 骨重

将胴体精细剔除肉后,单纯骨的重量。

4. 净肉重

胴体重减去骨重,等于净肉重。

5. 屠宰率

胴体重与内脏脂肪之和与宰前活重的百分比。

6. 净肉率与肉骨比

净肉重与宰胴体重的百分比为净肉率;净肉重与胴体骨重之比为肉骨比。这是反映肉羊品种产肉量与肉质的一项重要指标。

7. GR 值

第 12、第 13 肋骨距背脊中线 11 cm 处组织的厚度。它代表胴体脂肪含量的高低。

8. 眼肌面积

眼肌即背最长肌,俗称大排。眼肌面积指第 12、第 13 胸椎及其肋间横切,测其最大高度(AC)和最大宽度(BA),两者相乘,再乘以 0.785 即得眼肌面积。可间接判定瘦肉率和胴体脂肪产量的高低。

9. 胴体宽、长、深和胸深

吊挂后的胴体第 5、第 6 胸椎处的宽度为胴体前宽,最后腰椎处的宽度为胴体后宽,取其平均值为胴体宽度;将吊挂的胴体放平,从耻骨联合前缘至第 1 肋骨与胸骨接合处测量的长度为胴体长;第 7 胸椎棘突处的背部体表至第 7 胸骨体表(含胸骨下肉厚)间的垂直距离为胴体深;第 3 胸椎棘突的体表至胸骨处的体表(含胸骨下肉厚)间的垂直距离为胴体胸深。

10. 胴体后腿长、宽和后腿围、大腿肌肉厚

肉羊耻骨联合前缘至跗关节中点的长度为后腿长;坐骨结节端外缘至对侧缘的水平宽度为后腿宽;股骨和胫腓骨连接处(即后膝)的水平围度为后腿围;大腿后侧表面至股骨体中点的直线距离为大腿肌肉厚。

11. 脂肪厚度、皮下脂肪覆盖度

分别以背脂(第 6 胸椎处)和腰脂(最后肋骨后缘)的皮下脂肪厚度表示脂肪厚度。皮下脂肪面积占胴体表面面积的百分比为皮下脂肪覆盖度。

12. 皮厚

指第 9～10 胸椎间距棘突 3～4 cm 处的左右两侧皮肤厚度,取其平均值,可间接反映肉羊品种的产肉性能。

(二) 评定标准

通常将羊屠宰后,除去头、蹄、皮、血、内脏(肾及周围脂肪除外)、生殖器官、网油外的部分称为胴体。羊肉品质评定一般对完整的胴体的特征、特性作出判定。

山羊胴体的分级标准见表 9－2。

表 9－2　崇明白山羊胴体的分级标准

项　目	一　级	二　级	三　级
外观及肉质	肌肉丰满。骨骼不突出(小尾羊肩隆部之脊椎骨尖稍突出)。皮下脂肪布满全身(脂肪层较薄),臀部脂肪丰满	肌肉发育良好。除肩隆部及颈部脊椎骨尖稍突出外,其他部位骨骼均不突出。皮下脂肪布满全身,肩颈部脂肪层较薄	肌肉发育一般。骨骼稍显突出,胴体表面带有薄层脂肪,肩部、颈部、荐部及臀部肌膜突出
胴体(kg)	≥12	≥10	≥5

四、肉羊屠宰、加工与贮运

过去传统养羊的农户,一般到冬季宰羊,有的就地屠宰,或到杀羊作坊代加工,设施简陋,流程简单,不讲究卫生检验。现在规模化养羊场(户)必须遵照《无公害食品 羊肉(NY 5147—2002)》和《肉类加工厂卫生规范》的有关规定和要求进行肉羊屠宰加工。

(一) 送宰肉羊的要求

送宰肉羊应是来自非疫区的活羊,健康状况良好,并有产地兽医卫生检疫合格证书。凡从产地运送到屠宰场的羊只,在待宰圈内至少饲养和休息 1～2 天,通过休息管理,一则可增加肌糖原含量,有利于羊肉的成熟;二则可减少机体组织带菌率,防止羊肉的污染。

(二) 宰前检验

肉羊由产地(羊舍)运到屠宰厂后,对其所实施的宰前检验包括入场验收、待宰检验和送宰检验,其目的在于剔除病羊,防止疫病传播,确保羊肉的质量安全。

1. 检验方法

宰前检验采用羊群检查与个体检查相结合的临床检查办法,必要时辅以实验室检验。

(1)羊群检查　即对来自同一地区、同一圈舍或同一批次的羊群进行的健康检查。进行静态的、动态的和饮食状态的观察,经检验有异常者应打上记号或隔离后进行个羊检查。

(2)个体检查　在羊群检查时发现的异常个体,或在送检羊群中随机抽取 5%～20% 羊只,逐头进行详细检查,通过看、听、摸、检,确定羊只正常后送宰或处理。

2. 检验要点

(1)重点疫病　重点检查炭疽、布鲁氏菌病、口蹄疫、羊快疫、羊肠毒症、羊链球菌病、羊痘、螨病、肺绦虫病等疫病。

(2)检验步骤

第一步:注意观察羊的站姿、卧姿,呼吸状态,有无跛行或转圈运动。发现不合群、精神委顿、呼吸困难、咳喘严重、跛行或转圈、拒食不饮、反刍困难以及腹泻的羊只,应剔出做进一步检查。

第二步:对剔出的羊只进一步视检其精神外貌、被毛和皮肤,可视黏膜的色泽、分泌物和排泄物的色泽、形状,触检体表淋巴结,检测体温、呼吸、脉搏,必要时进行听诊、叩诊。

(三)检验后处理

1. 准宰

来自非疫区的健康羊,经宰前检验合格后,准予屠宰,由检验人员出具"宰前检验合格证书"或"准宰通知书"。

2. 病羊处理

在宰前检验中发现病羊或可疑病羊,应根据疫病的性质、轻重程度、有无隔离条件等采取禁宰、急宰或缓宰方法处理。

(1)经检验确诊为口蹄疫、羊痘等传染病的羊,一律禁止屠宰加工,必须采取不放血方法予以扑杀后销毁,对患有或疑为恶性传染病死亡的羊,应予以销毁。同群活羊用密闭运输工具运到动物防疫部门指定的地点,用不放血的方法全部扑杀后销毁,并将有关疫情立即报告当地畜牧兽医行政管理部门,以便采取必要的防疫措施。

112　崇明白山羊
CHONG MING BAI SHAN YANG

（2）经检验发现有布鲁氏菌病、结核病、弓形虫病、日本血吸虫病病羊及疑似病羊时，禁止屠宰加工，用不放血方法扑杀后销毁。同群活羊应急宰，其内脏和胴体经高温处理后出厂。病羊存放处、屠宰场和所有用具应实行严格消毒。有关疫情应立即报告当地畜牧兽医行政管理部门以便采取针对性防疫措施。

（四）肉羊屠宰

1. 基本流程

肉羊屠宰无论是民间杀羊作坊还是规范化工厂屠宰车间，都按下列基本程序操作：宰杀放血-剥皮（或烫毛）与去头蹄-开膛和净腔-胴体修整。屠宰加工应符合《鲜、冻胴体羊肉》的规定，严格实施卫生监督与卫生检验。屠宰供应少数民族食用的羊肉，应按照他们的习俗进行屠宰加工。

2. 宰杀放血

（1）割颈法　使羊侧卧，在头颈交界处的腹侧面作横向切开，割断颈静脉、颈动脉、气管、食管和周围部分软组织，使血液从断面流出。因切断食管和气管，吃饱的羊只可能有胃内容物从食管流出，污染切口周围组织。故此法仅用于清真屠宰。

（2）放血法　将羊垂直倒挂，在羊的下颌角稍后用利刀纵向切开颈部皮肤 7～8 cm，再切断颈动脉和颈静脉，不伤及食管，放血 5～6 min 即成。

3. 剥皮或脱毛

（1）剥皮　放血后立即进行人工剥皮或机械剥皮。要求完整地剥下羊皮，特别是羊羔皮，避免刀伤或撕破。

（2）脱毛　上海地区有吃连皮羊肉的习惯，常用热水烫泡褪毛而不剥皮。用热水烫褪毛时，应掌握好水温和褪毛时间，将毛褪净而不破皮为好。

（3）开膛与净腔　脱毛或剥皮后立即开膛与净腔，将胴体垂直倒挂，沿腹部正中线剖开腹腔，切勿划破胃肠、膀胱和胆囊等脏器，拉出食管及胃肠，留肾脏，然后切开胸腔，取出心、肺。

（4）胴体修整　割除大血管、生殖器官、外伤瘀斑和伤痕，去甲状腺、肾上腺和病变淋巴结，修刮污血、残毛和其他污物。冲洗胴体，修割整齐，保证胴体整洁卫生，无病变组织、无伤斑、无残留小皮片、无浮毛、无粪污、无胆汁污和泥污、无凝血块,符合商品羊肉要求。

(5)内脏采摘与整理　内脏经检验合格后应立即采摘并整理,不可积压。

1)先将小肠段割下,这是制作"医用羊肠线"的原料。然后分别摘取胰腺、甲状腺、肾上腺、胆囊等。药用脏器价值不菲,应单独置放出售。

① 胰腺:横位于腹腔背侧壁的下方,大部位于体正中面的右侧。由于胰液中含有胰酶,动物死后胰酶具有破坏胰岛素的作用,因此在羊只屠宰后必须迅速采摘胰脏并加工处理。

② 甲状腺:位于气管上部并疏松地附于气管表面,为一富有血管的无管腺。腺的组织密实,呈暗红褐色,包括两个侧叶和连系于二叶之间的腺峡。

③ 肾上腺:右侧肾上腺位于右肾前端的内侧,呈锥体形,内侧面平坦,接膈的右脚,外侧面隆凸,位于肝脏的肾压迹内;左侧肾上腺位于后腔静脉的内侧缘,肠系膜前动脉的后方,相当于身体的正中央。采摘肾上腺时应避免阳光直射。

④ 胆囊:剥离胆囊时,切忌撕破,以防胆汁溢出污染胴体。

2)割取胃时,应将食管和十二指肠留有适当长度,以防胃内容物流出。分离肠道时,切忌撕裂。将胃肠内容物集中一处,不得污染场地。

3)各脏器分别置放、洗净后立即冷却,不得长时间堆放,以免变质。

(6)皮毛整理　剥下的生皮刮去血污、皮肌和脂肪后,应及时进行皮张初加工,不得堆放日晒,以免变质、掉毛、老化而贬值。

山羊毛为粗毛,也有一定用途与价值,宜将褪下的毛洗净、沥干、摊晒,不得堆放,以免变质。

(五)宰后检验与处理

在屠宰加工过程中,检验人员对肉羊胴体和头蹄、内脏等视检、触检、嗅检和剖检,必要时应进行细菌学、血清学、寄生虫学、病理组织学等检验,从而进行卫生质量综合判定和处理。

1. 检验程序

(1)头部检验　肉眼检查头部皮肤、唇、口腔黏膜及齿龈,注意有无痘症、溃疡;观察眼结膜、咽喉黏膜和血液凝固状态,检查有无炭疽及其他传染病的病变。

（2）内脏检验　肉眼直检心、肝、肺、胃、肠、脾、胰的色泽、大小、形状、质地等有无异常,有无病理变化或寄生虫。重点检视脾脏质地有无肿大出血点,肝脏有无肿大、硬变或寄生虫。检验胃肠时应特别注意肠系膜及肠系膜淋巴结有无结节或寄生虫(细颈囊尾蚴)。

（3）胴体检验　主要检查胴体表面及胸腹腔,当发现可疑病变时,再进行剖检。

2. 检验后处理

（1）适于食用　经检验,凡来自非疫区的健康活羊,其胴体和内脏品质良好,符合国家标准或有关行业标准,可以鲜品出厂或进行分割、冷加工。

（2）有条件食用　凡有一般传染病、轻症寄生虫病和病理损害的胴体与脏器,根据病损性质和程度,经无害化处理后,使其传染性消失或寄生虫全部死亡,即可食用或部分食用。

（3）化制　将不可食用的已宰羊体、羊肉或病损组织器官等,经过干化法或湿化法化制,不仅能消除尸体及废弃物对人畜的危害,而且能够获得许多有价值的工业原料、饲料和肥料等。

（4）销毁　对危害性特别严重的传染病、寄生虫病、多发性肿瘤、弱性肿瘤和病腐尸体及其他毒害性废弃物,采取湿化、焚烧或深埋等方法处理,达到完全消灭其病原体的目的。

3. 复检盖印

经过全面复检,根据判定结果,在胴体和脏器上加盖国家规定的统一的检验印章,以防止混乱、漏检和不合格的羊肉及副产品出厂或上市。

4. 疫病防控

经检验发现疫病后,应上报疫情,彻底消毒,并在动物防疫检验主管部门监督下,在指定地点对病羊肉尸及其产品进行无害化处理。

5. 病羊肉尸及其产品的无害化处理

病羊肉尸及其产品的无害化处理按照《畜禽病害肉尸及其产品无害化处理规程》执行,防止污染环境。

（1）病羊肉尸的无害化处理

① 销毁:确认患有炭疽、恶性水肿、气肿疽、狂犬病、羊快疫、羊猝

疽、羊肠毒血症、肉毒梭菌中毒症、钩端螺旋体病、李氏杆菌病、布鲁氏菌病等传染病和恶性肿瘤或两个器官发现肿瘤的病羊肉尸以及从病羊体割下来的病变部分和内脏用密闭的容器运送到指定地点湿化、焚毁或深埋。

② 化制：除销毁类以外的其他传染病、中毒病及不明原因死亡羊的整尸或肌肉、内脏，将其分类，分别投入干化机或湿化机化制。

③ 高温处理：仅限于发生疫情时扑杀的假定健康同群羊及肌肉、内脏，用高压蒸煮法或煮沸法处理使其达到无害化。

④ 炼制食用油：利用高温将不含病原体的脂肪炼制成食用油，要求炼制温度 100℃ 以上，时间 20 min。

（2）病、死羊的产品无害化处理

① 血液：高温处理，或将漂白粉与血液按 1∶4 混匀，放置 24 h 后，于专设地点深埋。

② 皮毛：凡患有必须销毁处理疫病的病羊皮毛应同时予以销毁。可将病羊的皮毛放入新配制的 2% 过氧乙酸溶液中浸泡 30 min 后捞出，用水冲洗后晾干。

④ 骨、蹄和角：肉羊胴体若做高温处理时，应剔除病羊的骨、蹄和角，另放于高压锅内高压处理至脱胶。

（六）羊肉的分割加工、包装与贮运

1. 肉羊胴体分割法

崇明地区习惯四段分割法，是将胴体从中间分切成 2 片，再分切成 2 片前躯肉和 2 片后躯肉，前躯肉与后躯肉的分界线在第 12 与第 13 肋骨之间，即在后躯肉上保留 1 对肋骨。前躯肉包括肩肉、肋骨和胸肉，后躯肉包括后腿肉及腰肉。

商品羊肉通常用八段分割法，将胴体分割成 8 部分（图 9-1），3 个等级，属于一等的部位有肩背部和臀部，二等的有颈部、胸部和腹部，三等的有颈部切口、前腿和后小腿。

羊胴体上最好的肉为后腿肉、腰肉，其次为肩肉，再次为肋肉、胸肉。

① 后腿肉：从胴体最后腰椎与荐椎间垂直切下的部分。

② 腰肉：从第 12、第 13 肋骨至腰椎与荐椎间垂直切下的部分。

③ 肩肉：为肩胛骨前缘至第 4、第 5 肋骨间垂直切下的部分（包括

肩胛部在内）。

④ 肋肉：从第 4、第 5 肋间至第 12、第 13 肋骨间垂直切下的部分。

⑤ 胸肉：包括肩部及肋软骨下部和前腿肉。

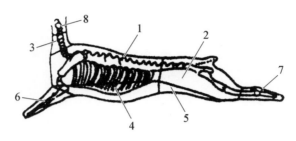

图 9 - 1　山羊胴体 8 段分割法

1. 肩背部　2. 臀部　3. 颈部　4. 胸部　5. 腹部　6. 前腿
7. 后小腿　8. 颈部切口

2. 羊肉分割加工

根据市场消费追求多样化、精细化、方便化的需求，将鲜带骨羊肉，经剔骨，按部位或肥瘦分割成多种规格的羊肉产品，如带骨分割羊肉、剔骨分割羊肉和精选羊肉，一头肉羊从头到蹄，按照不同的组织结构和不同的肉质类型，最细化的分割可有 26 种食用规格的羊肉产品，如羊排、羊针扒、尾龙扒、羊令扒、羊腩、羊板肉、黄瓜条、羊腱子、羊霖肉、羊脖子、羊冷西、羊圈肉等，以提高产品的质量品位。

3. 包装与贮运

（1）羊肉包装应在冷却后进行，不得积压，包装材料必须符合卫生标准。按伊斯兰教风俗屠宰、加工的羊肉分割产品，应有相应的标记。通过"无公害农产品"认证的羊肉及其产品，应加贴无公害农产品标志。

（2）贮存分割羊肉应贮存在 0～4℃、相对湿度 85%～90% 的冷却间，分割冻羊肉应贮存在温度低于 -18℃、相对湿度大于 90% 的冷藏库，贮存场所必须清洁卫生，不得与有毒、有害、有异味、易挥发、易腐蚀的物品混存混放。

（3）运输羊肉产品必须采用无污染、符合食品卫生要求的冷藏车，不得与其他有毒、有害、有气味的物品混装混运。产品在运输中应符合各类产品的贮存要求，严格控制温度。

五、羊肉质量安全检验

(一)常规检测

羊肉腐败变质后,营养物质分解,感官性状改变,通过检验肌肉、脂肪的色泽与黏度、组织状态与弹性、气味等,可鉴定羊肉的新鲜程度。

1. 色泽与黏度

将被检羊肉置于白色瓷盘中,在自然光线下仔细观察。新鲜羊肉外表具有干膜,肌肉和脂肪有其固有的色泽、表面不发黏,切面湿润、不发黏;腐败变质羊肉颜色变暗,呈褐红色、灰色或淡绿色,表面干膜很干或发黏,有时被覆有霉层,切面发黏,肉汁呈灰色或淡绿色。

2. 组织状态与弹性

用手指按压羊肉表面,新鲜的富有弹性、结实、紧密,指压凹陷很快恢复;变质羊肉无弹性,指压凹陷不能恢复。

3. 气味

在常温(20℃)下检查羊肉的气味,首先判定外表的气味,然后用刀切开判定深层的气味,注意检查骨骼周围组织的气味。新鲜羊肉有其固有的气味,无异味,腐败变质羊肉有酸臭、霉味或其他异味。

(二)实验室检测

如需进行羊肉产品质量安全认证,应在常规检测的基础上,采用实验室检测方法获取多方面的数据。

1. 煮沸后肉的检测

(1)方法 称取 20 g 切碎的肉样,置于 200 mL 烧杯中,加水100 mL,用表面皿盖上,加热至 50~60℃,开盖检查气味,然后再加热煮沸 20~30 min 后,迅速检查肉汤的气味、滋味、透明度及表面浮游脂肪的状态、多少、气味和滋味。

(2)鉴定 新鲜羊肉的肉汤透明、芳香,肉汤表面浮有大的油滴,脂肪气味和滋味正常。变质羊肉的肉汤混浊,有絮毛,具腐臭味,肉汤表面几乎不见油滴,具酸败脂肪的气味。

2. 理化检验

按国家有关规定,进行挥发性盐基氮的测定,重金属、农药和兽药残留检测。

3. 微生物学检验

按国家有关规定,进行菌落总数、大肠菌群数及致病菌检验。

4. 崇明白山羊肉品质指标

(1) 羊肉感观指标见表 9-3。

表 9-3 羊肉感官指标

项 目	指 标
色泽	肌肉呈红色,有光泽,脂肪呈白色或淡黄色
组织状态	肌纤维致密,有韧性,富有弹性
黏度	外表微干或有风干膜,切面湿润、不粘手
气味	具有羊肉固有气味,无异味
煮沸后肉汤	澄清透明,脂肪团聚于表面,具羊肉固有的香味
肉眼可见异物	不应检出

(2) 羊肉理化指标见表 9-4。

表 9-4 羊肉理化指标

项 目	指 标
挥发性盐基氮(mg/100 g)	≤15
汞(以 Hg 计)(mg/kg)	≤0.05
铅(以 Pb 计)(mg/kg)	≤0.10
砷(以 As 计)(mg/kg)	≤0.50
铬(以 Cr 计)(mg/kg)	≤1.0
镉(以 Cd 计)(mg/kg)	≤0.10
滴滴涕(mg/kg)	≤0.20
六六六(mg/kg)	≤0.20
金霉素(mg/kg)	≤0.10
土霉素(mg/kg)	≤0.10
四环素(mg/kg)	≤0.10
磺胺类(以磺胺类总量计)(mg/kg)	≤0.10

(3) 羊肉微生物指标见表 9-5。

表 9 - 5 羊肉微生物指标

项 目	指 标
菌落总数(cfu/g)	$\leqslant 5 \times 10^5$
大肠菌群(MPN/100 g)	$\leqslant 1 \times 10^3$
沙门氏菌	不应检出
志贺氏菌	不应检出
金黄色葡萄球菌	不应检出
溶血性链球菌	不应检出

主要参考文献

1. 薛慧文等编著.肉羊无公害养殖.北京：金盾出版社,2003.

2. 丁鼎立,方永飞主编.湖羊产业化技术指南.上海：上海科学技术出版社,2010.

3. 马章全,张德鹏主编.古今羊肉保健养生指南.咸阳：西北农林科技大学出版社,2007.

4. 王金文主编.肉用绵羊舍饲技术.北京：中国农业科学技术出版社,2010.

5. 王惠生,陈海萍编著.绵羊山羊科学引种指南.北京：金盾出版社,2002.

6. 王惠生编著.波尔山羊科学饲养技术.北京：金盾出版社,2003.

7. 国家畜禽遗传资源委员会组编.中国畜禽遗传资源志·羊志.北京：中国农业出版社,2011.

8.《中国羊品种志》编写组.中国羊品种志.上海：上海科学技术出版社,1989.

9. 李炳均主编.上海畜禽品种志.上海：上海科学技术出版社,1984.

10. 李炳均主编.上海市畜禽品种图谱.上海：上海科学技术出版社,1984.

11. 上海市崇明县志编纂委员会,周之珂主编.崇明县志.上海：上海人民出版社,1989.

12. 唐宗堃等编著.上海市畜禽品种志.上海：上海科学技术出版社,1988.

13. 唐宗堃等编著.上海市畜禽品种图谱.上海：上海科学技术出版社,1988.

附录 1
上海市养羊场生产技术规范(行业标准)

1. 范围

1.1 本规范规定本市养羊场的设置与布局、羊舍建筑与设备、引种要求、繁殖配种与饲养管理技术、疫病防治及环境保护要求。

1.2 本规范适用于从事山羊或湖羊(绵羊)自繁自养、母肉配套、全舍饲规模化的养羊场,涉及羊场建设、生产管理、疫病控制及商品肉羊的优质安全生产。

2. 规范性引用文件

下列文件中的条款通过本标准的利用而成为本标准的条款,凡是注日期的引用文件,其随后所有的修改单(不包括勘位的内容)或修订版均不适用于本标准,凡是不注日期的引用文件,其最新版本适用于本标准。

GB 16548 畜禽病害肉尸及其产品无害化处理规范

GB 16549 畜禽产地检疫规范

GB 16567 种畜禽调运检疫技术规范

GB/T 18407 农产品质量安全,无公害畜禽肉产地环境要求

GB/18506 畜禽养殖业污染物排放标准

NY/T 388 畜禽场环境质量标准

NY/5027 无公害食品、畜禽饮用水水质

NY/5147 无公害食品 羊肉

NY/T 5148 无公害食品 肉羊饲养兽药使用准则

NY/T 5149 无公害食品 肉羊饲养兽医防疫准则

NY/T 5150　无公害食品　肉羊饲养饲料使用准则

NY/T 5151　无公害食品　肉羊饲养管理准则

《种畜禽管理条例》

《中华人民共和国动物防疫法》

《食品动物禁用的兽药及其他化合物清单》

《饲料药物添加剂使用规范》

《允许使用的饲料添加剂品种目录》

3. 术语和定义

下列术语和定义适用于本标准

3.1　规模化养羊场,指年存栏生产母羊及后备母羊200头左右、年出栏种羊和肉羊500头以上、实行分区管理的养羊场。

3.2　山羊:上海地区饲养的山羊属长江三角洲白山羊,以崇明岛饲养最多,故又称崇明白山羊。现为肉毛兼用品种,具有适应性强、繁殖率高、肉质鲜美等特点。

3.3　湖羊为上海地区的绵羊品种,是国内著名的白色羔皮用羊,现为肉皮兼用型品种,具有繁殖率高、耐寒、耐热、耐湿、温顺、宜舍饲等特点。

3.4　羔羊

指从出生到断乳这一年龄段的幼龄羊。

3.5　育成羊

指断乳后到第一次配种这一年龄段的幼龄羊。

3.6　净道

羊群周转、饲养员行走和场内运送饲料草的道路。

3.7　污道

粪便、污物等出场的专用通道。

3.8　防疫

对动物传染病和寄生虫病所采取的各种预防性措施。

3.9　检疫

运用兽医卫生检疫、检验方法,对动物及其产品进行疫病核查检验。

3.10　羊场废弃物

包括羊粪、尿、尸体及相关组织、垫料、污水、过期兽药、残余疫苗、一次性使用的畜牧兽医器械及包装物等。

4. 基本要求

4.1 养羊场的设置须符合上海市政府有关部门规划和布局的要求，符合 GB/T 18047.3—2001 和 HJ/T 81—2001 的规定。

4.2 养羊场的设置应按建设项目环境保护法律、法规的规定，进行环境影响评估后办理有关审批手续。

4.3 养羊场的建设用地应参照"上海市新农村建设有关设施用地指南"有关标准办理有关审批手续。

4.4 养羊场的规模

指养羊场内不同品系、性别、年龄的总饲养量≥500 头。

5. 设置要求

5.1 羊场周围 1 000 m 内无反刍家畜类养殖场、屠宰加工场等。

5.2 应远离交通主干道，距离居民聚住区 500 m 以上。

5.3 地势高燥，排水流畅。

5.4 附近有充足的青绿饲料种植区。

5.5 有利于动物卫生防疫及羊场废弃物的无害化处理。

6. 布局与设施

6.1 布局

6.1.1 养羊场周围设围墙和防疫沟，建筑设施按生活与管理区、生产区和隔离区 3 个功能区布局，各区之间界限分明、联系方便，并用围墙或绿化带分隔。

6.1.2 生活与管理区设在场区主导风向上风处，生产区和隔离区建在场区主导风向下风处。

6.1.3 与外界接触要有专门道路相通，场区内分净道和污道，净道和污道不能通用或交叉。

6.2 设施

6.2.1 生活与管理区包括办公用房和职工食堂、宿舍、仓库、车库等附属设施，在大门口应设值班室和消毒池。

6.2.2 生产区门口设消毒池和消毒更衣室，建有标准羊舍、兽医室、人工授精室、饲料加工车间和符合要求的种羊运动场,羊舍入口处设置消毒池,并有排水设施。

6.2.3 隔离区包括隔离羊舍、病羊尸体解剖室及病尸、粪污处理设施。

6.3 羊舍建筑与设备

6.3.1 羊舍建筑以经济、实用耐用为原则,考虑采光、保温、通风及当地主导风向,选用密闭式羊舍或半敞式羊舍,朝向以朝南为主。

6.3.2 羊舍占地面积根据生产规模和养殖结构计算,种公羊一般为 1.5 m²/头,一羊一圈或两羊一圈,并配有 2 倍以上的运动场;母羊按不同生理状况(空怀、妊娠或重胎)分圈,平均 1.8 m²/头,并配有 1 倍面积的运动场,育成羊和肉羊平均 1 m²/头,羔羊(2 月龄内)平均 0.4 m²/头,断乳前与母羊同圈饲养,可不计占地面积。羊舍高度一般 2.4～3.0 m(檐高),高与占地面积之比为 1：(10～12)。

6.3.3 饲养设备应根据羊场的不同条件和羊的食草特性,选用性能可靠、适应采食、便于饲养操作和清洗消毒的专用设备,给水宜用开放式饮水或吮吸型自动饮水系统。

6.3.4 药浴池

用于羊只预防外寄生虫病,由水池浇成长沟形状,池深 1 m,长约10 m,宽度以单只羊能自由通过。

6.3.5 青贮窖

常用地下式青贮窖,宽、深之比以 2：1.5 为宜,窖的长度依生产规模和青饲料多少来决定。窖的四周和底部用砖、混凝土砌成椭圆形,要求青贮窖坚固不漏气,窖壁光滑平坦。

7. 人员配备

7.1 从业人员必须实行持证上岗制度,配备专职的畜牧、兽医技术主管。

7.2 从事畜牧、兽医等技术工作的人员,应具有中专以上相关专业学历或持有初级以上技术职称或职业资格证书。

7.3 场内饲养工作人员应经过行业技能培训,获得相关资格证书。

7.4 场内饲养工作人员每年进行健康检查,在取得《健康证》后方可上岗。

8. 引种要求

8.1　羊只应来自非疫区、质量合格并有当地动物防疫监督机构出具的产地检疫合格证明,运输符合 GB 16567 的规定,引种前报本地动物防疫监督机构备案。

8.2　应由持有《种畜禽生产经营许可证》的种羊场购入。

8.3　直接从国外引进种羊应按《中华人民共和国进出境动植物检疫法》规定执行。

8.4　引入的种羊必须在隔离棚内饲养 15 天以上,经检疫合格后方可转入生产区饲养。

9. 饲养管理

9.1　饲养原则

9.1.1　根据羊只的不同生产目的和不同性别、不同生理阶段的营养需要特点,实行分圈饲养,制订不同的饲养方案。

9.1.2　养羊食草为主,以吃完不浪费为限。

9.1.3　日粮配合要科学合理、计量准确、比例适当、适口性好,块茎饲料要切碎,青贮饲料不可超过日粮 50%,均匀投喂,定时定量,每昼夜 4 次,每次间隔 4~5 h,变更日粮要逐渐进行,湖羊要喂 1 次饲草。

9.1.4　不喂有露水、霜冻、发霉变质的饲草。

9.1.5　做好羊舍、运动场、食槽水槽和用具的清洁卫生,保持圈内干燥。

9.1.6　保证充足的饮水,饮用水符合 NY 5027 规定。

9.2　日常管理要点

9.2.1　编号与登记

为便于日常管理,搞好种羊选种选配,建立肉羊产品可追溯制度,应根据农业部颁布的"畜禽标识和养殖档案管理办法"实行一羊一标,将编号耳标在 30 天内固定在左耳中部,需要再次加施畜禽标识的,固定在右耳中部,并选册登记。

9.2.2　分圈

羔羊断乳后应按公母、大小、强弱分圈,母羊按不同的生理阶段(妊娠、空怀、重胎)分圈,种公羊一般一羊一圈或两羊一圈。育成羊选育后备公羊和后备母羊以后按肉羊饲养。

9.2.3　修蹄

长期舍饲的种公羊和生产母羊应及时修蹄,一般每季度修剪1次。

9.2.4　剪毛

湖羊一年可剪毛2次,时间一般在4月和9月下旬;白山羊适时取其小公羊的领鬃毛。

9.2.5　阉割

不作种用的公羔1月龄即可去势,常用方法有刀切法和结扎法两种。

9.2.6　防暑与保温

高温天气不利于羊只健康,要适时打开天窗,注意通风或者降低饲养密度,除去垫草,清除羊粪,以免发酵产热。冬季应关闭地窗、堵塞墙缝、加厚垫草,尤其是产羔舍的保温措施一定要及时到位。

9.2.7　档案记录

在饲养管理过程中要做好各项记录,包括引种、繁殖、产羔、称重、免疫接种、销售、消毒等,记载要及时、完整、准确、清楚,并按时汇总、归档和上报。

10. 保健

10.1　制度

10.1.1　遵照《中华人民共和国动物防疫法》的规定,坚持"以防为主、综合防治"的原则,制定消毒、防疫、隔离和重大疫病上报制度,并落实执行。

10.1.2　制定并落实场长、兽医技术员、饲养员、防疫卫生岗位责任制。

10.1.3　外来人员和车辆进入场内应遵守本场防疫制度,场内运输车辆做到专用,不允许外借或到场内从事其他运输。

10.2　饲草料,应来源于非疫区,无霉烂变质,未受到农药或某些病原体污染,饲料和饲料添加剂的使用符合GB 13078和《饲料和饲料添加剂管理条例》的规定。

10.3　饮用水应符合NY 5027的规定。

10.4　兽药。预防和治疗所用的兽药必须按照农业部《食品动物禁用的兽药及其他化合物清单》(2002)01 号文件的规定执行。严禁采购未经兽药管理部门批准的或过期、失效的药品。

10.5 消毒

10.5.1 凡进入生产区的人员要严格消毒,戴工作帽、穿工作服和胶鞋,经过消毒通道,工作服、帽、鞋应保持清洁,并定期消毒。

10.5.2 定期进行场内外环境、羊舍和堆粪场地消毒,疫病流行期间,应增加消毒次数,夏季做好灭蚊、灭蝇工作。

10.5.3 使用的消毒剂应安全、高效、低毒、低残留且配制方便,符合 HJ/T 81—2001 的规定。为获得最佳消毒效果,应根据消毒剂的特性和场内卫生状况选用或交叉使用不同的消毒剂。

10.6 免疫

10.6.1 根据本市羊传染病的发生种类、特点及上级动物防疫防控机构制订的羊免疫程序,结合本场实际情况确定免疫接种内容、方法和程序。

10.6.2 根据国家和本市的有关规定,对重点疫病实施强制免疫。

10.7 驱虫

制定羊常见内外寄生虫的驱虫方案和驱虫程序,根据本场实际情况采用口服、注射和药浴等方法,选用高效、安全、广谱、低残留的抗寄生虫药实施驱虫。

10.8 疫病监测处理

根据本市动物疫情情况,制订监测计划,发生重大疫情时应加强监测,并按《中华人民共和国动物防疫法》规定,对病死羊只按 GB 16548 的规定无害化处理,粪便污物运到堆粪场发酵处理。

10.9 产地检疫

无论出售羊只作何用,都应在出售前向当地动物检疫部门申请检疫,执行 GB 16549 规范,经检疫合格后方可出场。

附录 2
崇明地区主要饲草料营养成分表

名　称	干物质 (%)	粗蛋白 (%)	粗脂肪 (%)	粗纤维 (%)	粗灰分 (%)	钙 (%)	磷 (%)	消化能 (MJ/kg)	代谢能 (MJ/kg)
玉米	86.0	8.7	3.6	1.6	1.4	0.02	0.27	14.97	12.28
小麦	87.0	13.9	1.7	1.9	1.9	0.17	0.41	13.98	11.46
大麦	87.0	11.0	1.7	4.8	2.4	0.09	0.33	13.90	11.39
稻谷	86.0	7.8	1.6	8.2	4.6	0.03	0.36	12.64	10.36
大豆	87.0	35.5	17.3	4.3	4.2	0.27	0.48	15.22	12.48
蚕豆	91.1	26.6	1.40	5.70	4.35	0.12	0.61	15.06	12.35
豌豆	90.5	25.0	1.32	4.42	2.94	2.36	0.18	14.96	12.27
小麦麸	87.0	15.7	3.9	8.9	4.9	0.11	0.92	10.52	8.63
米糠	87.0	12.8	16.5	5.7	7.5	0.07	1.43	13.77	11.29
大豆饼	87.0	40.9	5.7	4.7	5.7	0.30	0.49	15.32	12.56
菜籽饼	88.0	34.3	9.3	11.6	7.7	0.62	0.96	14.18	11.63
棉籽饼	88.0	40.5	7.0	9.7	6.1	0.21	0.83	13.10	10.75
啤酒糟	23.4	6.8	1.9	3.9	1.3	0.09	0.08	2.99	2.45
豆腐渣	15.0	4.6	1.5	3.3	0.6	0.08	0.04	2.56	2.10
苜蓿干草	91.0	20.8	2.5	25.0	9.1	1.71	0.17	0.03	7.40
野干草	87.5	10.2	1.76	27.5	8.7	0.29	0.12	7.73	6.34
玉米秸	66.7	2.8	1.9	18.9	5.3	0.39	0.23	6.39	5.21
小麦秸	89.0	3.1	1.2	42.5	5.2	0.26	0.03	5.54	4.54
大豆秸	87.7	4.6	2.1	40.1	3.7	0.74	0.12	7.41	6.07
蚕豆秸	93.1	15.3	2.73	33.0	8.10	1.40	0.17	7.63	6.27
大麦秸	88.9	4.11	1.57	33.3	9.62	0.13	0.12	7.25	5.95
稻草	84.2	5.55	1.69	21.5	12.0	0.28	0.08	6.16	5.06

（续表）

名　称	干物质 （%）	粗蛋白 （%）	粗脂肪 （%）	粗纤维 （%）	粗灰分 （%）	钙 （%）	磷 （%）	消化能 （MJ/kg）	代谢能 （MJ/kg）
油菜秸	90.9	4.32	0.93	47.8	9.42	0.55	0.03	6.69	5.50
包叶玉米穗	91.5	3.8	0.7	33.7	3.4	—	—	9.22	7.57
青贮玉米	22.7	1.6	0.6	6.9	2.0	0.10	0.06	2.15	1.76
黑麦草	16.3	1.71	2.10	4.00	1.7	0.15	0.05	2.02	1.65
紫云英	13.0	2.9	0.7	2.5	1.3	0.18	0.07	1.74	1.42
鲜甘薯	24.7	1.0	0.3	0.9	0.6	0.13	0.05	3.65	2.99
马铃薯	21.2	1.10	0.06	0.39	0.88	0.02	0.02	3.11	2.55
南瓜	15.5	1.41	0.15	0.62	0.76	0.01	0.03	2.44	2.00
萝卜	3.69	0.50	0.06	0.35	0.38	0.04	0.03	0.54	0.44
甘蓝	10.4	2.26	0.47	1.15	1.38	0.31	0.03	1.57	1.29

附录 3
无公害羊肉标准（NY 5147—2002）

1. 范围　本标准规定了无公害羊肉的技术要求、检验方法和标志、包装、贮存和运输。本标准适用于来自非疫区的无公害活羊，屠宰加工后经兽医卫生检疫检验合格的羊肉。

2. 规范性引用文件　下列文件中的条款通过本标准的引用而成为本标准的条款。凡是注日期的引用文件，其随后所有的修改单（不包括勘误的内容）或修订版均不适用于本标准，然而，鼓励根据本标准达成协议的各方研究是否可使用这些文件的最新版本。凡是不注日期的引用文件，其最新版本适用于本标准。

GB 191 包装贮运图示标志

GB 4789.2 食品卫生微生物学检验菌落总数测定

GB 4789.3 食品卫生微生物学检验大肠菌群测定

GB 4789.4 食品卫生微生物学检验沙门氏菌检验

GB 4789.5 食品卫生微生物学检验志贺氏菌检验

GB 4789.10 食品卫生微生物学检验金黄色葡萄球菌检验

GB 4789.11 食品卫生微生物学检验溶血性链球菌检验

GB/T 5009.11 食品中总砷的测定方法

GB/T 5009.12 食品中铅的测定方法

GB/T 5009.15 食品中镉的测定方法

GB/T 5009.17 食品中总汞的测定方法

GB/T 5009.19 食品中六六六、滴滴涕残留量的测定方法

GB/T 5009.44 肉与肉制品卫生标准的分析方法

GB/T 6388 运输包装收发货标志

GB 7718 食品标签通用标准

GB 9687 食品包装用聚乙烯成型品卫生标准

GB 9961 鲜、冻胴体羊肉

GB 11680 食品包装用原纸卫生标准

GB/T 14931.1 畜禽肉中土霉素、四环素、金霉素残留量测定方法（高效液相色谱法）

GB/T 14962 食品中铬的测定方法

NY 5148 无公害食品肉羊饲养兽药使用准则

NY 5149 无公害食品肉羊饲养兽医防疫准则

NY 5150 无公害食品肉羊饲养饲料使用准则

NY/T 5151 无公害食品肉羊饲养管理准则

关于发布动物源食品中兽药残留检测方法的通知（农牧发［2001］38号文）

3. 技术要求

3.1 原料

3.1.1 屠宰前的活羊应来自非疫区，其饲养规程符合 NY 5148、NY 5149、NY 5150、NY/T 5151 的要求，屠宰加工应符合 GB 9961 规定，并经检疫检验合格。

3.1.2 进口羊肉应有中华人民共和国卫生检疫部门检疫合格证明，未通过检疫的产品不得进口。

3.2 感官指标：感官指标应符合无公害羊肉感官指标规定。

色泽肌肉：呈红色，有光泽，脂肪呈白色或淡黄色。

组织状态：肌纤维致密，有韧性，富有弹性。

气味：具有羊肉固有气味，无异味。

煮沸后肉汤澄清透明，脂肪团聚于表面，具羊肉固有的香味。

肉眼可见异物不应检出。

3.3 理化指标

理化指标应符合无公害羊肉理化指标规定。

挥发性盐基氮(mg/kg)≤15，滴滴涕(mg/kg)≤0.20

汞(以 Hg 计)(mg/kg)≤0.05，六六六(mg/kg)≤0.20

铅(以 Pb 计)(mg/kg)≤0.10，金霉素(mg/kg)≤0.10

砷(以 As 计)(mg/kg)≤0.50，土霉素(mg/kg)≤0.10

铬(以 Cr 计)(mg/kg)≤1.0，四环素(mg/kg)≤0.1

镉(以 Cd 计)(mg/kg)≤0.10,磺胺类(以磺胺类总量计)(mg/kg)≤0.1

3.4　微生物指标

微生物指标应符合无公害羊肉微生物指标规定。

菌落总数(cfu/g)≤5×10^5

大肠菌群(MPN/100 g)≤1×10^3

沙门氏菌不应检出

志贺氏菌不应检出

金黄色葡萄球菌不应检出

溶血性链球菌不应检出

4. 检验方法

4.1　感官检验：按 GB/T 5009.44 规定方法检验。

4.2　理化检验

4.2.1　挥发性盐基氮：按 GB/T 5009.44 规定方法测定。

4.2.2　汞：按 GB/T 5009.17 规定方法测定。

4.2.3　铅：按 GB/T 5009.12 规定方法测定。

4.2.4　砷：按 GB/T 5009.11 规定方法测定。

4.2.5　铬：按 GB/T 14962 规定方法测定。

4.2.6　镉：按 GB/T 5009.15 规定方法测定。

4.2.7　六六六、滴滴涕：按 GB/T 5009.19 规定方法测定。

4.2.8　金霉素、土霉素、四环素：按 GB/T 14931.1 规定方法测定。

4.2.9　磺胺类：按《关于发布动物源食品中兽药残留检测方法的通知》(农牧发[2001]38 号文)规定方法测定。

4.3　微生物检验

4.3.1　菌落总数：按 GB 4789.2 规定方法检验。

4.3.2　大肠菌群：按 GB 4789.3 规定方法检验。

4.3.3　沙门氏菌：按 GB 4789.4 规定方法检验。

4.3.4　志贺氏菌：按 GB 4789.5 规定方法检验。

4.3.5　金黄色葡萄球菌：按 GB 4789.10 规定方法检验。

4.3.6　溶血性链球菌：按 GB 4789.11 规定方法检验。

5. 标志、包装、运输、贮存

5.1　标志：产品标志应符合 GB 7718 的规定,箱外标志应符合

GB 191和 GB/T 6388 的规定。

5.2 包装

5.2.1 包装材料应符合 GB 11680 和 GB 9687 的规定。

5.2.2 包装印刷油墨无毒,不应向内容物渗漏。

5.2.3 包装物不应重复使用。生产方和使用方另有约定的除外。

5.3 运输、贮存

5.3.1 运输：产品运输时应使用符合食品卫生要求的冷藏车(船)或保温车,不应与有毒、有害、有气味的物品混放。

5.3.2 贮存：产品不应与有毒、有害、有异味、易挥发、易腐蚀的物品同处贮存。冷却羊肉在－1～－4℃下贮存,冻羊肉在－18℃以下贮存。

附录 4
山羊药物剂量一览表

药　物	剂　量	适应病症	备　注
5%乙酸	0.5～1 L,口服	尿素中毒	
活性炭	0.75～2 g/kg,口服	乙二醇中毒	葡萄糖酸钙或者催吐剂或泻药等
阿苯达唑	20 mg/kg,口服分2次,间隔12 h	胃肠圆线虫	
阿苯达唑	10～15 mg/kg,口服	绦虫,肝片吸虫	
氯化铵	200～300　mg/kg/日,口服	尿液酸化	
氯化铵	0.5～1%日粮干物质	预防尿石症	
氨苄西林	5～10 mg/kg,肌注,1日2次	细菌性肺炎	
氨苄西林	15 mg/kg,皮下注射,1日3次	预防膀胱炎	
安普罗胺	25～50 mg/kg,口服,1日1次,5天	球虫病	
阿司匹林	100 mg/kg,口服,1日2次	关节疼痛	
硫酸阿托品	0.6～1 mg/kg,皮下或肌注,必要时重复注射	有机磷中毒	
氯生太尔	10～20 mg/kg,口服	肝片吸虫	
氯生太尔	7.5 mg/kg,口服	血矛线虫	
23%硼酸葡萄糖酸钙	60～100 mL,皮下或缓慢静脉注射	低血钙症	

（续表）

药　物	剂　量	适应病症	备　注
头孢噻呋	1.1～2.2 mg/kg,肌注	细菌性肺炎	
产气荚膜梭菌C,D抗毒素	皮下注射 5 mL	预防肠毒血症	无有效治疗方法,一般应定期注射肠毒血症菌苗或者三联苗或厌氧菌七联干粉苗
	15～20 mL 静脉注射,每2～4 h 重复一次	治疗肠毒血症	建议用药:用羊速清＋头孢＋干扰素,连用 2～3 天,一天 1 次
地塞米松	1～2 mg/kg,肌注或静注	某种原因的脑水肿	
	10～30 mg	代谢病	
	20～25 mg/kg,皮下或肌注	诱导分娩	
葡萄糖按 5％或10％溶液	25～50 mL 静脉注射	妊娠毒血症、酮病	酮病:奶牛用50％葡萄糖注射液 500 mL 静注,每日 2 次,连用数日。妊娠毒血症:用 50％葡萄糖注射液 400 mL,静注,能减轻症状但作用时间较短,常与皮质类固醇同时注射
20％葡萄糖溶液	25～50 mL 腹腔注射	新生羔低血糖症	25％～50％葡萄糖注射液 20 mL,缓慢静注
孕马血清促性腺激素（又名马促性素,PMSG）	200～2 000 U,皮下或静脉(临用前,用灭菌生理盐水 2～5 mL 稀释)	催情	

（续表）

药　物	剂　量	适应病症	备　注
	600～1 000 U，皮下或静脉	超排	
芬苯达唑	20 mg/kg，口服，连用5天	矛形双腔线吸虫	
	15 mg/kg，口服，连用6天	肝片吸虫	
氟尼辛葡甲胺	1 mg/kg，静注或肌注	蹄叶炎	
	1 mg/kg，静注，1日2次	抗炎症	
伊维菌素	0.2 mg/kg 体重	皮蝇蛆	
	0.2～0.4 mg/kg，皮下或浅层肌肉注射，药效持续20天左右	疥螨	
	0.2 mg/kg，1％溶液皮下注射	鼻狂蝇蛆	
	0.4mg/kg，口服	胃肠圆线虫病	
拉沙洛西	20～30 g/t 饲料	球虫病预防（多用于禽）	
左旋咪唑	12 mg/kg，口服	胃肠圆线虫	
	7.5 mg/kg，口服或皮下注射	网尾线虫	
利多卡因	0.25％～0.5％溶液	浸润麻醉	
	2％～5％溶液	表面麻醉	
	2％每个注射点，3～4 mL	传导麻醉	
	2％ 溶液（牛、马 8～12 mL）	硬膜外麻醉	
林可霉素/大观霉素	5 mg/kg/日林可霉素＋10 mg/kg/日大观霉素，肌注3日	支原体病（山羊接触传染性无乳）	
饱和石灰水＋碳酸氢钠	洗胃，并静注 5％的碳酸氢钠 5 000 mL 左右	瘤胃酸中毒	

（续表）

药　物	剂　量	适应病症	备　注
1%亚甲蓝	静注，一次量，1～2 mg/kg，最大剂量 20 mg，并与硫代硫酸钠交替使用，不可混合后同时静注	硝酸盐中毒	
莫能菌素	0.001%～0.001 21%混入饲料，无休药期	球虫病预防（多用于禽）	
维生素	10%葡萄糖 150～200 mL＋维生素 C 0.5 mL，静注，并肌注大量维生素 B_1	妊娠毒血症预防和治疗	
土霉素	10 mg/kg，静注，1 日 2 次，至少 3 日	李氏杆菌病	
	15 mg/kg/日，肌注，至少 5 日	支原体病	
长效土霉素	20 mg/kg/日，皮下或肌注，1 日 1 次	腐蹄病	
	20 mg/kg/日，皮下或肌注，每 3 日 1 次	支原体病或其他流产	
催产素/缩宫素	先肌注雌二醇 3 mg，1 h 后肌注或皮下注射催产素 10～20 IU，2 h 后重复 1 次。分娩后 24 h 效果不佳	胎衣不下或下乳	
普鲁卡因青霉素	2 万 IU/kg/日，7～14 日	葡萄球菌性皮炎	
	2 万～4 万 IU/kg/日，肌注	细菌性肺炎	
	2 万 IU/kg，肌注，1 日 2 次	预防膀胱炎	
	25 万 IU/kg，肌注，1 日 2 次	破伤风	
戊巴比妥	30 mg/kg，静注	全身麻醉	山羊和绵羊对本品比其他动物敏感，用于大动物时常与水合氯醛合用

（续表）

药 物	剂 量	适应病症	备 注
保泰松	10 mg/kg/日，口服	解热镇痛作用较弱，而抗炎作用较强。关节炎，风湿病，腱鞘炎，也用于痛风和睾丸炎	
前列腺素 $F_{2\alpha}$	5～10 mg/kg，肌注	溶解黄体、子宫积液	前列腺素 $F_{2\alpha}$
亚硒酸钠	1～2 mg/kg，一次量，肌注 0.2～0.4g/1 000 kg 饲料，混饲	白肌病	
碳酸氢钠	5～10 g，内服；2～6 g，静注	瘤胃酸中毒	
碘化钠	20 mg/kg，静注或皮下注射，每周 1 次，连用 5～7 周	放线菌病	10% 碘化钠，50～100 mL，静脉注射，隔日 1 次，共 3～5 次。如出现碘中毒现象，应停药 6 天
丙二醇	60 mL，口服，1 日 2～3 次	妊娠毒血症、酮病	
硫代硫酸钠	660 mg/kg，静注	氰氢酸中毒	
螺旋霉素	先 50 mg/kg，后 25 mg/kg，肌注	支原体病	
链霉素	20 mg/kg/日，肌注，5～7 天	放线菌、放线菌病	
链霉素	30 mg/kg/日，肌注，至少 5 天	支原体病	
磺胺二甲氧嘧啶	75 mg/kg，口服，5 天	球虫病	
破伤风抗毒素	1.0～1.5 万单位，静注，1 日 2 次	破伤风治疗	

（续表）

药 物	剂 量	适应病症	备 注
破伤风抗毒素	羔羊 250～300 U；成羊 500 U，皮下注射	破伤风预防	
四环素	5 mg/kg，肌注或皮下注射，1 日 1～2 次	细菌性肺炎	
硫胺素	300～500 mg/kg，肌注或皮下注射，1 日 2 次	瘤胃酸中毒辅助治疗	
泰妙灵（Tiamulin）	10 mg/kg，肌注，1 日 2 次	支原体乳腺炎	
泰乐菌素	10～20 mg/kg，肌注，1 日 1～2 次	细菌性肺炎	
	20 mg/kg，肌注，至少 5 日	支原体病	
维生素 B₁₂ 注射液	0.01～0.3 mg/kg，肌注，每周 1 次	白肝病	
赛拉嗪	0.1 mg/kg，肌注	镇痛结合局部麻醉	
硫酸锌	1 g/日，成年羊，口服	锌缺乏皮肤病	
恩诺沙星	2.5 mg/kg，肌注，1 日 1～2 次，连用 2～3 日	主要用于细菌如大肠杆菌、沙门氏菌、放线杆菌等感染和支原体感染等	
氧氟沙星	3～5 mg/kg，肌注，1 日 2 次，连用 3～5 日	主要用于细菌如大肠杆菌、沙门氏菌、放线杆菌等感染和支原体感染等	
环丙沙星	5 mg/kg，肌注，1 日 2 次，连用 3～5 日	主要用于细菌如大肠杆菌、沙门氏菌、放线杆菌等感染和支原体感染	

附录 5
崇明白山羊原种场生产技术规范
(企业标准)

1. 范围　本规程规定了崇明白山羊保种基地的崇明白山羊饲养管理等技术方面的规程。

2. 规范性引用文件　下列文件中的条款通过本规程的引用而成为本规程的条款。凡是注日期的引用文件，其随后所有的修改单（不包括勘误的内容）或修订版均不适用于本规程。凡是不注日期的引用文件，其最新版本适合于本规程。

　　GB 13078　饲料卫生标准

　　NY 5027　无公害食品　畜禽饮用水水质

　　NY 5150　无公害食品　肉羊饲养饲料使用准则

　　NY 5149　无公害食品　肉羊饲养兽医防疫准则

　　NY 5148　无公害食品　肉羊饲养兽药使用准则

　　NY/T 388　畜禽场环境质量标准

　　GB 16549　畜禽产地检测规范

　　GB 16567　种畜禽调运检测技术规范

　　GB 16548　畜禽病害肉尸及其产品无害化处理规范

　　GB 4258—89　农药使用标准

　　GB/T 8321.1—2000　农药合理使用准则

　　DB 31/199—1997　上海市污水综合排放标准

3. 术语

3.1　羔羊：羔羊指从出生到断乳这一年龄段的幼龄羊。

3.2　育成羊：育成羊是指断乳至第一次配种这一年龄段的幼龄羊。

3.3 净道:羊群周转、饲养员行走、场内运送饲料的专用道路。

3.4 污道:粪便等废弃物出场的道路。

3.5 羊场废弃物:主要包括羊粪、尿、尸体及相关组织、垫料、过期兽药、残余疫苗、一次性使用的畜牧兽医器械及包装物和污水。

4. 羊场的布局 羊场的布局分为三大区域:一是生产区;二是生活区;三是隔离区,三者相对独立和相对隔离。

4.1 生产区:建有符合标准的羊舍、兽医室、实验室、饲料加工及贮存车间等。生产区入口处建有消毒室、更衣室、紫外线灭菌灯等,场内道路净道、污道分开,互不交叉。

4.2 隔离区:建有引种用的隔离羊舍和羊场废弃物处理设施,包括微生物发酵的驻粪场和符合 DB 31/199—1997 规定的污水净化处理设施。

4.3 羊舍

4.3.1 羊舍模式:长方形封闭式羊舍。

4.3.2 羊舍布局:从西向东依次为后备公羊(肉羊)、种公羊、轻空胎母羊、重胎母羊、产房和后备母羊(肉羊)。

4.3.3 羊舍高度:2.4~3.0 m。

4.3.4 门窗与采光:采用卷帘模式,考虑到保温和通风需要,可分上下两层。

4.4 场内设施:羊舍内设置食槽和水槽,产房配备保暖、补料等设施。

4.4.1 食槽:食槽呈倒梯形,不锈钢制成,食槽深 15~25 cm、上宽 25~30 cm、下宽 20~25 cm,食槽的长度按照羊只饲养的数量来定。

4.4.2 水槽:自动加水式饮水盆。

4.4.3 补饲栏:两个带羔羊母圈合用一个补饲圈,中间隔离栏下端开小门,小门高 25 cm、宽 20 cm 左右。

4.4.4 青贮窖:崇明地区宜采用地上式,窖的四周与底部用砖、混凝土砌成倒拱形,要求青贮窖坚固结实,不漏气,内部光滑平坦。

5. 饲料的加工与配制 崇明白山羊以粗饲料为主,精饲料为辅进行饲养。粗饲料应符合 GB 4285—89 和 GB/T 8321.1—2000 的规定。精饲料应符合 GB 13078 和 NY 5150 的规定。

5.1 粗饲料:常用的粗饲料有青贮玉米秸秆、大豆秸秆、花菜叶、芦笋根、蚕豆皮、大豆皮等。

5.1.1 青贮的制作:将乳熟期的全株玉米青刈,铡短至 2～4 cm,青贮秸秆含水量在 65％～70％为佳。青贮饲料装填采取快速装填,压实封严,分层装填,分层压实,靠近墙角的地方不能留有空隙。经 40～50 天发酵后即可开窖取用。为防青贮二次发酵,每次开窖后应及时封闭好开口。

5.2 精饲料:精饲料有玉米、大麦、麦麸、豆粕等。

5.2.1 精饲料要根据当地的饲料资源和各种饲料的营养成分,结合不同生长时期崇明白山羊的营养需要,因地制宜选用多种饲料品种进行加工配制。

5.2.2 精料配方中应含有食盐和一定比例的常量和微量元素,并定期检查饲喂效果。

5.2.3 精料与粗料混饲时要注意搅拌均匀。

5.3 严禁饲喂存在霉烂变质、冰冻、农药残留等问题的有毒有害饲草饲料。

6. 繁殖与配种

6.1 引种

6.1.1 种羊的选择:应从持有种畜禽生产经营许可证的场引种。引种时查看种羊的档案资料,并按照羊的品种特征、特性进行筛选。

6.1.2 引种的时间:春秋季节为宜。

6.1.3 引种后管理:种羊到达目的地后,种羊应单独隔离饲养不少于 15 天,检查没有任何疾病后,转入种羊羊舍饲养,先供给清洁饮水,稍作休息后,再喂给少量的精饲料,以后逐步增加到正常饲喂饲料量。

6.2 发情鉴定:崇明白山羊发情特征较明显,主要有鸣叫、摇尾、外阴红肿有黏液等。

6.3 配种:在初配后 12～24 h 再复配 1 次,严禁在有亲缘关系的公母羊之间进行近亲交配。

6.4 接产

6.4.1 产前准备:产房应做好消毒,保持清洁、干燥,冬天温暖,夏天通风;其次准备好接产用具,如药棉、碘酒、剪刀、秤等。当母羊出现举止不安、食欲突然下降,回头顾腹及腹部下沉,阴门红肿有分泌物等临产征兆时,应用 0.1% 的高锰酸钾溶液洗净乳房,挤出几滴,再将母羊的尾根、外阴部、肛门洗净。

6.4.2　接产:羔羊出生后,立即用消毒过的纱布抹净口腔、鼻耳内的黏膜,并让母羊舔净羔羊身上的黏液。若羔羊不能自断脐带,在距脐窝 5~8 cm 处人工剪断,再用 5% 碘酊消毒。

6.5　难产处理:如遇母羊难产,则需助产,待羔羊头露出外阴部,一手托住羔羊头部,一手握住前肢,在母羊腹部收缩时,顺势将羔羊轻轻拉出。如遇胎位不正,可将母羊后躯垫高,将胎儿已露出部分送回,助产员将消毒处理过的手伸入产道校正胎位,再随母羊努责将胎儿拉出。

7. 饲养管理

7.1　日常管理要点

7.1.1　编号:编号是为了便于管理和种羊的选种选配。畜禽标识,实行一畜一标,若初生时不宜打耳标,可用易于辨别的方式标识,在 30 日龄内将编号耳标固定在左耳中部,并进行登记。

7.1.2　分圈:羔羊断乳后应用按公母、大小、强弱分圈。母羊按不同的生理阶段(空怀、妊娠、哺乳)分圈,种公羊一般一羊一圈或两羊一圈。

7.1.3　修蹄:长期舍饲的羊只应及时修蹄。

7.1.4　阉割:不作种用的公羔应用及时去势。

7.1.5　清洁卫生:羊舍的食槽、水槽每天要进行清理,羊舍、生产用具及周围环境要定期消毒,如发生疫病要及时隔离,并增加消毒次数。

7.1.6　防暑与保温:高温天气不利于羊的健康,要适时打开门窗(卷帘),注意通风,或者降低饲养密度。冬季应注意保温,尤其是产羔舍的保温措施一定要及时到位。

7.2　饲料与饲养

7.2.1　青贮料饲喂:饲喂青贮料时,比例不宜过大,不可超过日喂总量的 50%,同时适当添加缓冲剂,防止酸中毒。

7.2.2　TMR 饲喂:按 TMR 操作规程操作,注意多种饲料的搭配应用和搅拌均匀。

7.2.3　饲喂方法:做好定时定量,一般日喂 2 次。

7.2.4　饮水：保证充足的饮水,饮用水符合 NY 5027 规定。

7.3　种公羊的饲养管理

7.3.1　种公羊每天保证一定的运动量,以增强体质。

7.3.2　种公羊应单圈饲养,防止发生角斗,羊舍应保持清洁、干燥。

7.3.3　种公羊在 18 月龄开始配种,5～6 岁及以上的种公羊应淘汰。

7.3.4　冬季草料不丰富时,要保证种公羊有一定的多汁饲料,夏季应注意防暑降温,不宜养得过肥,否则会影响配种和采精。

7.4　种母羊的饲养管理

7.4.1　空怀母羊：从配种前 4～6 周开始加强饲养,以满膘迎接配种。

7.4.2　妊娠母羊：妊娠前期(3 个月),需要饲喂营养丰富的草料,注意多种饲草搭配,适当增加精料,羊舍内忌大声喧哗,避免拥挤、惊吓,禁止饮用冰水,防止流产。妊娠后期(3 个月后),增加营养供应,提高饲料能量和蛋白质浓度,增加钙、磷等矿物质饲料。

7.4.3　哺乳母羊：母羊胎衣排出后应立即取走,若产羔后 6 h 胎衣不下时,需要进行治疗。分娩 3 天后逐渐提高营养水平和饲料供量,增加蛋白质、矿物质以及多汁饲料喂量。羔羊断乳时,提前几天减少母羊多汁饲料的补喂量,防止乳腺炎。

7.5　羔羊的饲养管理

7.5.1　羔羊出生后要及时吃上初乳。对失去母羊或母羊乳量不足的羔羊,可用奶瓶人工喂养。

7.5.2　羔羊毛干后,立即称初生重,填写产羔记录表,并做好辨别标识。

7.5.3　羔羊应在产后 10 天左右训练吃料,在羊圈内设置补饲栏,让羔羊自由进出。

7.5.4　羔羊断乳时间一般为 50～60 日龄,断乳时,要做好称重,公母分群,填写断乳记录等项工作。

8. 疫病防治　根据农业部和上海市行政主管部门规定,落实"预防为主"的防疫政策,羊场内禁止混养其他畜禽,羊场工作人员应定期体检。羊场所用药物及生物制品符合 NY 5148 和 NY 5149 的规定。

8.1　免疫接种

8.1.1　每年春、秋两季各进行一次口蹄疫普免,根据免疫要求进行,避开重胎羊。羔羊于断乳后 1 个月左右进行首免,30 天后进行二免,每年进行一次羊痘的普免。

8.1.2　每年进行一次三联四防和传染性胸膜肺炎的普免。

8.1.3　每年进行小反刍兽疫的补免。

8.2　定期驱虫:定期对全场羊进行驱虫。体外驱虫采用药浴或使用伊维菌素注射液,体内寄生虫可使用丙硫咪唑。

8.3　定期消毒:选用高效、低毒、低残留的消毒药液,定期对羊舍和周围环境进行消毒,尽量做到羊栏净、羊体净、食槽净、用具净。

8.4　药物治疗:疫病在确诊的基础上,对症治疗,选用其敏感性药物,以提高治疗效果,并经常更换,以免发生耐药性。对特殊病例治疗病症消降后,应维持用药 2～3 天,以巩固药效,但要严格注意药物的休药期。

8.5　疫病监测:制定监测计划,对口蹄疫、布鲁氏菌病一年监测两次,其他疫病按要求进行。

8.6　疫情处理:发生口蹄疫等重大疫病时,应根据《中华人民共和国动物防疫法》的规定,对病死羊只进行按 GB 16548 的规定无害化处理。粪便污物应运到驻粪场堆积发酵,处理后作为肥料还田。

8.7　资料记录:在饲养管理的过程中要做好各项记录,包括引种、繁殖、产羔、羔羊生长、免疫接种、销售、消毒、监测等,记载要及时、完整、准确、清楚,并按时汇总、归档和上报。

8.8　产地检疫:无论出售是种用、屠宰还是疫病研究或娱乐观赏等,都应在出售前向当地检测部门申请检疫,执行 GB 16549 规范,经检疫合格后方可出场。

附录 6
崇明白山羊原种场人工授精操作规程

1. 人工授精室 应设有采精间、处理间、输精间等,采精间内设有采精架,处理间有恒温冰箱、水浴锅、显微镜等设施。

2. 种公羊管理

2.1 调教年龄:6 月龄,起用年龄 15 月龄以上。

2.2 利用年限:一般为 3 年。

3. 试情公羊 选择身体健壮,性欲旺盛,年龄 2~5 岁的健康公羊。

4. 消毒制度

4.1 人工授精室内应保持清洁卫生,定期消毒。

4.2 凡是与精液有可能接触的器具都必须经过消毒,消毒方法可根据器材的性质,分别用煮沸消毒、高温干燥消毒、乙醇消毒(70%乙醇处理,待乙醇挥发后,用生理盐水或稀释液冲洗)等方法。

5. 稀释液 0.9%氯化钠溶液(适用于当即输精);或采购现成的稀释液按说明书使用。

6. 采精准备

6.1 将精液分装瓶、玻棒、温度计、吸管、刻度量筒、稀释液等预热至 40℃左右。

6.2 台羊准备:选择发情旺盛、体质健壮的经产母羊,保定在采精架上。

6.3 假阴道的准备

6.3.1 内胎装好后,在靠近注水孔的一端套上集精瓶(集精瓶的护套内灌注 40℃左右的温水)。

6.3.2 用稀释液冲洗假阴道内壁 1~2 次,再往夹壁中灌注 50~55℃的温水,水量为 150~180 mL。

6.3.3　用玻棒蘸润滑剂均匀地涂于假阴道内壁上,深度为 1/3 左右。

6.3.4　吹气加压,调节内胎的压力,一般以吹气后无三角裂隙即可。

6.3.5　用温度计插入内胎测温,合适温度为 $38\sim42℃$,用消毒纱布或毛巾盖上备用。

7. 采精

7.1　采精员蹲于台羊右后侧,右手握持假阴道,气门活塞向下,食指抵住集精杯底,以防脱落。当公羊爬跨台羊后迅速将假阴道呈 35℃ 靠于台羊臀侧,同时左手将阴茎导入假阴道,当公羊前冲时,表示射精完毕。

7.2　采精员要及时将假阴道竖起(装有集精杯的一端在下),放气、放水,使精液注入集精瓶内,然后取下集精瓶,盖好入口,送往精液处理室。

7.3　长期不配种的公羊,第一次所采精液不能使用。

8. 精液品质检查

8.1　射精量:将精液吸入输精器内观测,一般每次为 $0.2\sim2.5$ mL。

8.2　色泽:正常精液一般为乳白色,浓度越高,颜色越浓,浓度越低,颜色越淡,其他色泽为不正常现象,不能用于输精。

8.3　云雾状:用肉眼观察时,可以看到精子的翻滚现象,称云雾状,这是精子活力非常活跃的表现,因此根据云雾状表现的显著程度,可以粗略判断精子的活力程度。

8.4　活力:精子活力即为呈直线前进运动的精子占精子总数的比率,如果 100% 的精子都是呈直线前进运动,即评为 1 级,90% 评为 0.9 级,以此类推。

8.5　密度:精子密度可分为"密、中、稀"三类。

密:视野中精子之间无空隙,看不清单个精子运动,此精液每毫升含精子 20 亿~25 亿个。

中:精子数目甚多,但精子之间有清晰的空间,能看到单个精子活动情况。

稀:视野中精子很少,精子之间空隙很大,此精液不能使用。

8.6 显微镜要预先调好焦距,对好光线,镜检箱内温度保持在35~38℃,载玻片应放在镜检箱内预热。

9. 精液稀释

9.1 根据精子活力、密度和当天需配母羊数量,然后确定稀释倍数(通常评为"密"的精液才能稀释),稀释比例1:(2~5)倍为宜。

9.2 稀释液应力求现配现用,并与精液同温。

9.3 稀释时应将稀释液沿杯壁徐徐加入精液中。

9.4 稀释后精液每毫升含有有效精子0.5亿个,活力在0.6级以上,方可分装使用。

9.5 精液分装一般为每头剂0.2~0.4 mL,并贴上标签。

10. 精液的保存与运输

10.1 精液的保存与运输时应注意保温措施。

10.2 常温保存:也叫室温保存。保存温度为15~25℃。

10.3 低温保存:即保存在0~5℃条件下。

10.4 精液在运输过程中,应避免剧烈振动和阳光直接照射。

10.5 用生理盐水稀释时,要现稀两用(一般不超过2 h),不能保存和运输。

11. 输精

11.1 经过保存的精液,使用前须逐渐升温,在38~40℃时检查,合格的才能输精。

11.2 在母羊发情后12~24 h内,按照"老配早,少配迟"的原则,进行适期输精。

11.3 将发情母羊保定,外阴及周围区域要擦洗干净,并消毒。

11.4 输精员应调节好输精量,左手持开膣器打开阴道,右手持输精器将精液注入子宫颈处。

11.5 实行两次输精时,其间隔时间至少为6 h。

11.6 开膣器每用一次都须洗净重新消毒。输精器每输完一头羊后需用生理盐水或稀释液冲洗,管端须用生理盐水棉球擦净。

12. 记录 按需求做好各项记录,记载要及时、完整、准确、清楚,并按时汇总、归档和上报。

附录 7
羊群保健与山羊常见病的防治

一、羊群保健

（一）加强饲养管理

母羊、公羊、肉羊应分开饲养，根据羊不同时期的生长需要制定不同的饲料配方。经常检查羊只的营养状况，适时进行重点补饲，防止营养物质缺乏，尤其对于妊娠、哺乳母羊和羔羊更显重要。严禁饲喂霉变饲料、露水草、冰冻草、有毒野草和农药喷过的农作物。不能饮用死水和污水。羊舍保持清洁、干燥、通风。舍饲的山羊每天确保有一定的运动量。同时，要养成平时细心观察羊群的习惯，当发现精神、采食或行动异常的羊或病羊，应立即隔离治疗，以降低发病率和死亡率。

（二）坚持"自繁自养"，避免或减少疫病传入

坚持"自繁自养"，是避免或减少疫病侵入的重要措施之一。

如必须引入羊时，只能从非疫区购买。不购买无检疫证明的羊。新购入的羊只需隔离饲养，经临床观察和实验室检测，经 1 个月后，确认健康后方可混群饲养。饲养场门口设置消毒池，严禁非生产人员入内。及时了解周边地区疫情，当外周地区发生疫病时，做好消毒、隔离工作，杜绝疫病侵入。

（三）做好环境卫生消毒工作

羊舍内外每天清扫 1 次，圈舍墙壁、地面、用具应保持清洁干燥；每 10 天对羊舍、用具、运动场等场所各进行一次消毒；做好灭蝇、灭鼠、灭虫工作；对病死或不明原因死亡的羊只严禁食肉或随意丢弃，应采取焚烧、深埋等方式处理，羊粪要集中堆积，密封发酵，对粪污进行无害化处理，以便杀死粪便中的病原微生物及寄生虫的卵和蚴。

（四）严格执行检疫制度

从外地购买羊只,要经兽医部门检疫,合格后方可引入,同时定期做好羊群检疫工作,对查出的病羊或可疑羊,及时进行隔离、治疗式扑杀,以控制、消灭传染源。发生重大疫病时,养殖户要及时上报当地兽医主管部门、动物卫生监督所或动物疫病预防控制机构,由相关部门认定疫情严重程度,养殖户应积极配合相关部门做好动物疫病的控制、扑杀及防治措施。

（五）定期进行预防接种

根据上级管理部门推荐的免疫程序及时做好预防接种工作,使羊只从出生到淘汰都可获得特异性抵抗力,降低对疫病的易感性。强制免疫预防接种应由当地兽医部门进行。推荐免疫程序如下表。

免疫时间	疫苗名称	接种方式	剂量(mL)	免疫期
每年3月、9月2次	O型—亚Ⅰ型口蹄疫二价灭活疫苗	肌注	2	4~6月
每年3~4月	羊痘鸡胚化弱毒疫苗	皮内注射	0.5	1年
初生羔羊1月龄首免以后每3年1次	小反刍兽疫活疫苗	皮下注射	1	3年
每年1次	羊三联四防苗	皮下或肌注	1	1年
每年3月、9月2次	山羊口疮弱毒细胞冻干苗	口腔黏膜内注射	0.2	
每年5月	山羊胸膜肺炎氢氧化铝菌苗	皮下或肌注	3~5	1年
每年9月	Ⅱ号炭疽菌苗	皮内注射	1	1年

（六）防控寄生虫病

崇明由于地处北亚热带,气候温和湿润,适宜寄生虫常年繁殖。在山羊规模化饲养场,常规的间隔性驱虫不再是防控寄生虫病的主要手段或方法了,代之以由兽医师根据羊群体表和粪便的检查诊断而提出的防控策略。

胃肠道线虫病是世界上影响山羊生产并导致经济损失最严重的寄生虫类疾病，以其中的捻转血矛线虫病为最，其他的线虫病如胃线虫病、毛圆线虫病和细颈线虫病仅在某些地区比较严重。此外，球虫病在肉用山羊中有所发现，特别是在封闭式羊舍内很容易发生。因此，在已有球虫病问题的羊场，应在羔羊开食料和断乳后的饲料中添加抗球虫药。

二、山羊常见病的防治

山羊常见病防治列表如下。

病　名	防　治　措　施
传染病	
羊口蹄疫	(1) 不从有病地区（或国家）引进病畜、疑似病畜。来自非疫病地区的家畜，按规定处理。(2) 扑灭措施：山羊发生口蹄疫时，必须立即上报疫情，确定诊断，划定疫点、疫区和受威区，分别进行封锁和监督。严格封死疫点，扑杀病羊和同群羊，及时消除疫源，对扑杀病羊尸体作无害化处理，对剩余饲料、饮水、场地、羊舍等污染物进行严格消毒。工作人员外出必须全面消毒。疫点封锁期间，禁止动物进入非疫区，禁止一切羊产品和饲料运出。(3) 按规定解除封锁后，进行预防接种。实行口蹄疫 O 型-亚洲 I 型二价灭活疫苗强制免疫，密度达 100%，存栏山羊有效免疫抗体率达 70% 以上，以防本病的发生。成年羊：一年免疫 2 次，每年 3 月、9 月，每次肌注 2 mL/头。羔羊：3～4 月龄首免，肌注 1 mL/头，30 天后加强免疫 1 次，肌注 1 mL/头。以后按成年羊免疫程序进行
羊痘	(1) 预防。每年春季不论羊只大小，一律皮下注射稀释的羊痘鸡胚化弱毒疫苗 0.5 mL，免疫期 1 年。羔羊应在 7 月龄时再注射 1 次。(2) 治疗。目前尚无特效药物。对症治疗，在痘疹上或溃烂处涂碘甘油、紫药水等。每次用青霉素 160 万～240 万 U，链霉素 100 万～200 万 U。每日 2 次，羔羊酌减
羊小反刍兽疫	(1) 扑杀。一旦发生本病，立即扑杀，作销毁处理。(2) 预防。接种小反刍兽疫活疫苗

（续表）

病　名	防　治　措　施
羊布氏杆菌病	（1）定期监测。种羊每年监测 2 次。对检出的阳性羊要扑杀处理。（2）严格消毒。所有饲养设备、用具等进行严格消毒，如火焰、熏蒸等。羊舍、场地、车辆等可用 1％～3％漂白粉、10％～20％石灰乳、1％～3％来苏儿、0.3％新诺灵等消毒。被污染的饲料、垫料等，可深埋发酵或焚烧。粪便采取堆积密封处理。皮毛用环氧乙烷、福尔马林消毒。（3）免疫接种。免疫地区可用布氏杆菌猪型 2 号弱毒苗或羊型 5 号弱毒苗进行免疫接种
羊破伤风	（1）预防接种。在本区常发地区，每年定期接种精制破伤风类毒素，妊娠母羊于产前 1 个月或羔羊育肥阉割前 1 个月（或受伤时），一律在颈部中央 1/3 处，皮下注射 0.5 mL 类毒素。1 个月后产生免疫力，免疫期 1 年。（2）平时防止山羊受外伤。一旦发生外伤，注意及时消毒。（3）治疗。① 创伤处理。对感染创口进行清创和扩创术，用 3％双氧水或 1％高锰酸钾消毒，撒以碘仿硼酸合剂，用青、链霉素作创周注射。② 药物治疗：一是特异性疗法。用抗破伤风血清或破伤风类毒素早期有一定效果。二是对症疗法。可用 5％碳酸氢钠静脉注射，预防和治疗酸中毒；用 25％硫酸镁等镇静解痉药，缓慢静脉注射；氯丙嗪静脉注射或肌肉注射；10％水合氯醛静脉注射等。三是抗生素疗法。当病羊体温高或有肺炎等继发感染时，可用一定抗生素或磺胺类药治疗。四是中药疗法。可用千金散、防风散等
羔羊大肠杆菌病	（1）预防。加强孕羊饲养管理，适当加强孕羊运动。羔羊及时吃到初乳。哺乳前用 0.1％高锰酸钾水擦拭乳房、乳头和腹下。用羔羊大肠杆菌菌苗皮下注射，3 月龄以下羔羊 1 mL，3 月龄以上羔羊 2 mL，注射后 14 天产生免疫力，免疫期 6 个月。（2）治疗。用土霉素、磺胺类、氟哌酸等注射。若因创伤引进，应用大剂量青霉素消炎，同时注射维生素 C，强心补液
传染性结膜角膜炎	（1）隔离病羊，圈舍消毒。（2）用 2％～5％硼酸水或淡盐水或 0.01％呋喃西林洗眼，然后用红霉素、四环素、2％黄降汞或 2％可的松等点眼。（3）也可用青霉素、0.1％肾上腺素 1 mL 混合点眼 2～3 次/天。（4）出现角膜混浊或白内障的，可滴入拨云散或青霉素 50 万 U 加病羊全血 10 mL 眼睑皮下注射或 50 万 U 链霉素溶液 5 mL 眶上孔注射，2 天 1 次

病　名	防　治　措　施
羊传染性脓疱	(1) 不用粗硬饲料。发现病羊及时隔离,圈舍、用具用 2％火碱或 10％石灰乳或 20％热草木灰水消毒。(2) 用 0.1％～0.2％高锰酸钾溶液冲洗创面,再涂 2％龙胆紫、碘甘油、5％土霉素软膏或青霉素、呋喃西林软膏等,1～2 次/天,连用 3 天。对重症者还应对症治疗,用抗生素或磺胺类药和抗病毒类药,如病毒灵(0.1 g/kg)＋青霉素钾(5 mg/kg)肌肉注射;维生素 C 5 mL＋维生素 B$_1$ 10 mL,肌肉注射,每天 1 次,连用 3 天为一个疗程
羔羊痢疾	(1) 防疫注射用羔羊痢疾氢氧化铝菌苗,在妊娠母羊分娩前 20～30 天和 10～20 天两次注射,可使初生羔羊通过吃乳获得被动免疫。注射部位分别为两后腿内侧皮下,用量分别为 2 mL 和 3 mL,10 天产生免疫抗体,免疫期 5 个月。(2) 病羔灌服 0.3 g 土霉素和 0.3 g 胃蛋白酶,2 次/天。(3) 用磺胺脒 0.5 g,鞣酸蛋白、次硝酸铋、小苏打各 0.2 g,加水灌服,3 次/天。(4) 脱水羔羊,每天补液 1～2 次,口服补液盐或静脉注射 5％葡萄糖生理盐水 20～100 mL
羊肠毒血症	(1) 预防。每年进行皮下或肌肉注射羊梭菌病多联干粉灭活苗 1 次。防止过食青绿多汁饲料和精料等。(2) 治疗。病程较长(超过 2 h)的,可内服磺胺脒 10～20 g 或注射免疫血清。青霉素 160 万 U、链霉素 500 mg 混合肌注,4 次/天
羊快疫	(1) 每年防疫 1 次,皮下或肌注羊梭菌病多联干粉灭活苗 1 mL。(2) 对那些病程稍长的病羊可用头孢或强力霉素治疗
羊伪结核病	(1) 平时做好环境和羊皮肤清洁卫生工作,发现羊皮肤破伤要及时处理,及时隔离病羊。(2) 伪结核棒状杆菌对青霉素高度敏感,但因脓肿有厚包囊,疗效不佳。据报道,早期用0.5％黄色素 10 mL 静注有效,如与青霉素并用,可提高疗效。(3) 手术治疗,切开脓包,挤出脓汁,用双氧水灌洗创口,撒上高效广谱抗生素粉,或用碘酒棉条填塞数日后取出,再撒上高效广谱抗生素粉,同时肌注高效广谱抗生素 1～3 天,1 周后可痊愈
寄生虫病	
螨病	(1) 口服或注射伊维菌素或阿维菌素类药。(2) 药浴用溴氰菊酯、二嗪农、双甲醚等。(3) 喷杀或涂抹伊维菌素或阿维菌素类药泼浇剂
虱病	(1) 经常保持圈舍干燥,定期消毒,勤换垫草等。(2) 治疗用伊维菌素皮下注射,0.01～0.02 mL/kg,灭虱效果好。也可用 45％烟草水擦洗,达到灭虱的效果

（续表）

病　名	防　治　措　施
弓形虫病	（1）预防。严防猫粪污染羊舍饲料及饮水；扑灭舍内外老鼠 （2）治疗。磺胺类药对治疗急性本病疗效很好，与抗菌增效剂合用疗效更好。要及时发现本病，及早用药
羊球虫病	（1）预防。用氨丙啉 5 mg/kg 连用 14～19 天，可预防本病的严重感染。（2）治疗。用磺胺喹噁啉和磺胺二甲基嘧啶治疗，效果好
羊肺线虫病	治疗：① 氯乙酰肼 17.5 mg/kg，内服；或 15 mg/kg 皮下或肌肉注射，25 kg 以上的羊，总量不超过 0.4 g。② 丙硫咪唑 5～20 mg/kg，内服。③ 乙胺嗪 200 mg/kg，混饲。此药适用于大型肺线虫童虫的驱除，对成虫效果较差，对小型肺线虫有一定效果
羊消化道线虫病	（1）预防。定期驱虫，饮水要卫生；粪便堆积发酵，不在低湿地放牧，避免吃露水草。（2）治疗。阿苯达唑、左咪唑、伊维菌素、甲苯咪唑等对本病有较好疗效
羊绦虫病	（1）预防。① 圈养，避免羊吞食地螨而感染。② 避免在低湿地放牧，尽可能避免在清晨、黄昏和雨天放牧。（2）治疗。① 定期驱虫，放牧前对羊群驱虫，1 个月内驱虫 2 次，1 个月后驱虫 3 次。丙硫脒唑，10 mg/kg；氯硝柳胺，100 mg/kg；硫双二氯酚，75～150 mg/kg。② 驱虫后的粪便及时堆积发酵或沤肥，2～3 个月才能杀灭虫卵。③ 驱虫后的羊群，要及时地转移到清净的安全牧场放牧
吸虫病	① 肝片吸虫病的预防和治疗。预防：每年进行 2～3 次驱虫；粪便发酵处理；不在低洼潮湿、多囊蚴的地方放牧；将低洼地的牧草割后晒干再喂羊。治疗：硝氯酚，4～5 mg/kg，一次性口服，针剂，0.75～1.0 mg/kg，深部肌注（适于慢性病例，对童虫无效）；丙硫咪唑，10～15 mg/kg，一次性口服，对成虫、童虫有效；嗅酚磷，16 mg/kg，一次性口服，对成虫、童虫有良效；三氯苯唑，10 mg/kg，内服，对各种日龄的肝片吸虫有较好效果；碘醚柳胺，7～12 mg/kg，内服，对成虫及 6 周龄以内童虫有较好效果；双酰胺氧醚，有高效杀灭效果，也可作预防本病的药物 ② 日本血吸虫病的预防和治疗。预防：以灭螺为重点，采取综合手段预防。治疗：吡喹酮，40 mg/kg，1 次日服，疗效显著；硝柳氰胺，60 mg/kg，1 次日服，疗效确实 ③ 双腔吸虫病的预防和治疗。预防：定期驱虫；灭螺、灭蚊，牧场可养鸡灭螺，人工捕捉蜗牛；对发病严重的牧场，可用氯化钾 20～25 g/m² 灭螺；选择开阔干燥的牧场放牧，尽量避免在中间宿主多的潮湿低洼地上放牧。治疗：三氯苯丙酰嗪，40～50 mg/kg，配成 2％混悬液，1 次灌服；丙硫咪唑，30～40 mg/kg，配成 5％混悬液，1 次灌服；吡喹酮，50～70 mg/kg，1 次口服，吡喹酮油剂腹腔注射，50 mg/kg；六氯对甲苯，200～300 mg，口服，连用 2 次

(续表)

病　名	防　治　措　施
羊脑多头蚴病	(1) 预防。防止犬等食肉兽食入带多头蚴的脑、脊髓,对病尸羊的脑脊髓应烧毁或深埋处理。(2) 治疗。手术疗法:固定患部,局部剃毛、消毒,将皮肤做"U"字形切口,打开术部颅骨,先用注射器吸出囊液,摘除囊体,外科处理伤口。术后 3 天内连注青霉素防感染。也可不做切口,直接用注射针头从外面刺入囊内抽出囊液,再注入 75% 乙醇 1 mL。药物疗法:用吡喹酮和丙硫咪唑进行口服和注射治疗
羊细粒棘球蚴病	(1) 预防。加强检验工作,对有寄生棘球蚴的内脏一律烧毁或深埋,严禁喂犬;防止饲草、饮水被犬粪污染;定期给犬驱虫。(2) 治疗。较可靠的方法是手术摘除棘球蚴或切除被寄生的器官
羊附红细胞体病	(1) 预防。定期驱虫;在去势、断尾时注意消毒,防止感染;杀灭羊舍内的昆虫。(2) 治疗。可适当在饲料中添加土霉素和有机砷制剂
羊泰勒氏焦虫病	发病早期,用有效的杀虫剂,配合对症治疗,可大大降低死亡率;磷酸伯氨喹啉,0.75～1.5 mg/kg,每天口服 1 次,连用 3 天;三氮脒粉剂,7 mg/kg,配成 7% 溶液作深部肌肉注射和皮下注射,每日 1 次。注意:为促使临床症状缓解,可根据症状配合使用强心、补液、止血、健胃、缓泻等药物和抗生素类药物
羊鼻蝇蛆病	治疗以消灭鼻腔内的幼虫为主,对个别羊用 1% 滴滴涕软膏涂擦羊鼻孔周围,5 天 1 次,防止雌虫产幼虫;用伊维菌素或阿维菌素类药,0.2 mg/kg,1% 溶液皮下注射;氯氰碘柳胺,5 mg/kg,口服,或以 2.5 mg/kg 皮下注射
普通病	
羊口炎	(1) 预防。加强护理,防止因口腔受伤而发生原发性口炎。预防接种口蹄疫、羊痘等疫苗,防止继发性口炎的发生。对传染病合并口炎者,宜隔离消毒。(2) 治疗。轻度口炎者,用 2%～3% 重碳酸钠溶液或 0.1% 高锰酸钾溶液或 2% 食盐水冲洗;慢性口炎者,用 1%～5% 蛋白银溶液或 2% 明矾溶液冲洗;有溃疡时用 1:9 碘甘油或蜂蜜涂擦。全身反应明显时,用青霉素 40 万～80 万 U、链霉素 100 万 U,1 次肌肉注射,连用 3～5 天;也可用青黄散(青黛 100 g、冰片 30 g、黄柏 150 g、五倍子 30 g、硼砂 80 g、枯矾 80 g,共为细末,蜂蜜混合贮藏),每次用少许擦口疮面上。为杜绝口炎蔓延,宜用 2% 碱水刷洗饲槽。给病羊喂青嫩、多汁而柔软的饲草

（续表）

病　名	防　治　措　施
羊食管阻塞	（1）预防。防止羊贪食未加工的块根块茎饲料；补喂羊生长素制剂或饲料添加剂；清理牧场、圈舍周围的杂物。（2）治疗。① 吸取法：保定羊只，送入胃管后用橡皮球吸取水，注入胃管，在阻塞物草料团上部或前部软化阻塞物，反复冲洗，边注入边吸出，反复操作，直至食管畅通。② 胃管探送法：对近贲门的阻塞物，可先将 2％普鲁卡因溶液 5 mL、石蜡油 30 mL 混合后，用胃管送至阻塞部位，待 10 min 后再用硬质胃管推送阻塞物入瘤胃中。③ 砸碎法：当阻塞物易碎、表面光滑且阻在颈部食管时，可在阻塞物两侧垫上布鞋底，将一侧固定，手另一侧用木槌或拳头砸（用力要均匀），使其破碎后咽入瘤胃。④ 治疗中若继发瘤胃臌气，可施行瘤胃放气术，以防病羊窒息
羊前胃弛缓	（1）预防。改善饲养管理，排除病因，增强体液调节功能，防止脱水和自体中毒。（2）治疗。为消除病因，缓泻、止酵，兴奋瘤胃蠕动，可采用饥饿疗法，先禁食 1～2 天，每天按摩瘤胃数次，每次 10～20 min，给以少量易消化多汁饲料；当瘤胃内容物过多时，可投缓泻剂，内服硫酸镁 20～30 g，或石蜡油 100～200 mL；为加强胃肠蠕动和恢复胃肠功能，可用兴奋剂，病初用 10％氯化钠溶液 20～50 mL，静脉注射，还可内服吐酒石 0.2～0.5 g、番木鳖酊 1～3 mL 或 2％毛果芸香碱 1 mL，皮下注射；为防酸中毒，可加服碳酸氢钠 10～15 g。后期可选用各种健胃剂，如灌服人工盐 20～30 g，或大蒜酊 20 mL、龙胆末 10 g、豆蔻酊 10 mL，加水适量 1 次内服，以便尽快恢复食欲
羊瘤胃积食	（1）预防。防止喂过于粗硬的饲料，防羊贪食、暴食，加强运动。对病羊加强护理，停喂草料，待积去胀消、反刍恢复后，喂给少量易于消化的干青草，逐步增量。反刍正常后，方可恢复正常饲喂。（2）治疗。消导下泻用石蜡油 100 mL、硫酸镁 50 g，芳香氨醑 10 mL，加水 500 mL，1 次灌服；纠正酸中毒，用 5％碳酸氢钠 100 mL、5％葡萄糖 200 mL，1 次静脉注射；强心补液，用 10％安钠咖 5 mL 或 10％樟脑磺酸钠 4 mL，静脉或肌肉注射；呼吸系统和血液循环系统衰竭时，用尼可刹米 2 mL，肌肉注射。药物治疗无效时，即速进行瘤胃切开术，取出内容物

（续表）

病　名	防　治　措　施
羊瘤胃臌气	(1) 预防。春末夏初放牧羊群多注意避免采食易发酵的饲料；冬春季给妊娠母羊补饲不能过量；剪毛时防止发生肠扭转等。(2) 治疗。① 插入胃导管放气，缓解腹压，或用 5% 碳酸氢钠溶液 1 500 mL 洗胃，促使排出气体与胃内容物。② 用石蜡油 100 mL、鱼石脂 2 g、乙醇 10 mL，加水适量，1 次灌服；或用氧化镁 30 g 加水 300 mL，或 8% 氢氧化镁混悬液 100 mL，1 次灌服。③ 必要时可行瘤胃穿刺放气，即在左膁部剪毛消毒，然后用兽用 16 号针头刺破皮肤，插入瘤胃放气。放气中要紧压腹壁使之紧贴瘤胃壁，边放气边下压，以防胃液漏入腹腔引起腹膜炎。放气后，注入消气灵（甲硫酸新斯的明注射液）10 mL 消气、止酵、杀菌。为恢复瘤胃功能，用氯化铵甲酰胆碱注射液 10 mL、安钠咖 2 mL、头孢噻呋钠 2 g、10% 氯化钠注射液
羊创伤性网胃炎	(1) 预防。在铡草机的饲草过板上放置一磁力足够强的磁铁，以避免或减少金属异物进入饲草中。(2) 治疗。早期确诊后，可用硫酸镁 40～100 g，石蜡油 100～200 mL 或植物油 100～200 mL，内服。重症病羊，可在用药后 8～10 h 再用 2% 盐酸毛果芸香碱、新斯的明等，以提高疗效。也可采用瘤胃切开术，从网胃中取出异物，同时用抗生素和磺胺类药等对症治疗；如病已到晚期，并累及心包和其他器官时，应将病羊淘汰
羊胃肠炎	(1) 预防。不喂变质霉烂和冰冻饲料，饲喂定时、定量，饮水清洁、干净等。(2) 治疗。① 人工盐 15 g，石蜡油 30 mL，成年羊 1 次内服。② 磺胺脒 0.25 g×8 片，小苏打 0.3 g×8 片，加水内服。③ 青霉素和链霉素各 80 万 U，1 次肌注，每日 2 次，连用 5 天。④ 当脱水时，先用糖盐水 200 mL 补液，然后用 10% 安钠咖 2 mL，1 次静脉注射
羊肺炎	(1) 预防。① 除加强饲养管理外，对远道运回的羊只，不急于喂给精料，多喂青饲料和青贮料。② 对呼吸系统的其他疾病要及时发现，抓紧治疗。③ 为预防异物性肺炎，灌药时不可使羊嘴的高度超过额部，同时灌入要缓慢，一遇咳嗽，立即停止。用胃管灌药时，勿将胃管插入气管。④ 由传染病或寄生虫病引起的肺炎，应治疗原发病。(2) 治疗。① 尽早发现病羊，放在清洁、温暖、通风而无贼风的舍内，加强护理。② 用抗生素或磺胺类药治疗，病情严重时可两种同时应用，即在肌肉注射青霉素或链霉素的同时，内服或静脉注射磺胺类药，如用四环素 50 万 IU、糖盐水 100 mL 溶解均匀，一次静脉注射，每天 2 次，连用 3～4 天；或用卡那霉素 100 万 IU，一次肌肉注射，每天 2 次，连用 3～4 天，则疗效更好。为强心和增强微循环，可反复注射樟脑油或樟脑水

（续表）

病 名	防 治 措 施
羊感冒	（1）预防。在寒冷的天气不要突然出去放牧，注意露宿或出汗羊的护理等。（2）治疗。为解热镇痛，祛风散寒，可肌肉注射复方氨基比林或30%安乃近5～10 mL，也可用复方奎宁、百尔定、穿心莲、柴胡、鱼腥草等注射液防止病毒性感染。为防继发感染，可同时用抗生素，如复方氨基比林10 mL、青霉素160万 U、硫酸链霉素50万 U，加蒸馏水10 mL，分别肌注，每天2次。当病情严重时，可静脉注射青霉素160万 U×4支，同时配以皮质激素类药，如地塞米松等。也可口服感冒通，每次2片，每天3次
羊腹泻	（1）预防。加强羊群饲养管理，特别是羔羊的护理尤为重要。（2）治疗。原则为清理肠胃，保护黏膜，止酵防腐，维护心肠，防止中毒和脱水。① 人工盐15 g、石蜡油30 g，成年前一次灌服，再灌服适量磺胺二甲氧嘧啶和小苏打。② 水样腹泻者，用活性炭20～40 g、次碳酸铋3 g、鞣酸蛋白2 g、磺胺脒4 g，加适量水，一次灌服，并肌肉注射阿托品。③ 对脱水羊，用糖盐水500 mL，加1%安钠咖2 mL、40%乌洛托品5 mL，一次静脉注射。④ 单纯腹泻的羊，建议禁食1天，限制饮水，然后给予少量富有营养的饲料，逐渐增加至恢复正常。病初用少量泻剂，排除肠内容物。持续腹泻的羊，可用鞣酸蛋白、次硝酸铋等止泻，同时用磺胺类、皮质醇或抗生素，效果较好。⑤ 虫源性腹泻的羊，可内服丙硫苯咪唑25 g/kg，用抗生素无效
羊有机磷农药中毒	（1）预防。加强农药的保管和使用。喷过农药的农田、菜地，7天内不得让羊进入；被有机磷农药污染过的青草，在1个月内不得喂羊。（2）治疗。① 灌服盐类泻剂，用硫酸镁或硫酸钠30～40 g，加适量水，一次灌服。② 注射特效解毒剂，用解磷定、氯磷定，15～30 mg/kg，溶于5%葡萄糖溶液100 mL内，静脉注射，以后每2～3 h注射1次，剂量减半。根据症状缓解情况，可在48 h内重复注射。也可用对解磷、双复磷，剂量为解磷定的一半，用法相同；或硫酸阿托品10～30 mg/kg，肌肉注射。症状不减轻的可重复用解磷定和硫酸阿托品
羊急性瘤胃酸中毒	（1）预防。控制精料喂量，一般每天每头成年羊不超过1 kg为宜，并分3次喂给，同时喂给优质干草。试验表明，产乳羊日喂玉米粉1 kg以上时，就可发病；每天喂玉米粉1.5 kg时，发病率几乎达100%。还有将精料与粗饲料合理搭配，可有效防止本病的发生。（2）治疗。用石灰水（生石灰1份、水10份充分搅拌，待沉淀后取其上清液）或2%碳酸氢钠水溶液洗胃，或内服碳酸氢钠2～6 g，可缓解酸中毒；同时用碳酸氢钠液200 mL、5%葡萄糖生理盐水500～1 000 mL、10%安钠咖5 mL静脉滴注，每天1剂。为控制和消除炎症，可肌肉注射8万 U庆大霉素2～3支，每天2次，一般2～3天即可痊愈

（续表）

病　名	防　治　措　施
羊尿素中毒	（1）预防。注意避免羊误食和贪食尿素。添加尿素时应严格控制用量，成年羊每天 10～20 g，羔羊 3～5 g。注意开始时喂以最低量，以后逐日增至最高量。为降低尿素毒性，喂后要限制饮水量，适当增喂些含糖类饲料。（2）治疗。① 用硫代硫酸钠 3～5 g，溶于 5％葡萄糖生理盐水 100 mL 内，静脉注射。或 10％葡萄糖酸钙 50～100 mL、10％葡萄糖溶液 500 mL，静脉注射，同时灌服食醋 250 mL。② 对中毒早期的羊，常用 1％醋酸溶液 250～500 mL，或食醋 250 mL、食糖 50～100 g，加适量水灌服，以抑制瘤胃中脲酶的活力和中和氨，减缓中毒
羔羊软脚病	（1）预防。① 羔羊出生后 1、2、3、5、7 天用土霉素片 0.5 g 含量 1 片口服。② 复方维生素 B 1 支 2 mL 和维 D 果糖钙 1 支 1 mL 一针、三磷酸苷二钠 1 支 2 mL 一针、黄芪注射液 5 mL 化头孢曲松钠 0.5 g 一针。这全部药，轻的 1 天 1 次，重的 1 天 2 次。最好同时服预防药。（2）治疗。① 注意早发现早治疗，能吃乳的辅助吃乳，不能吃乳的用注射器往嘴里打葡萄糖注射液。病重昏睡的要分开单独饲养。② 静脉注射等渗碳酸氢钠溶液，根据血碱缺乏程度通过计算给予足额补充，病羔羊能够成活。同时将病羔羊离乳 24～48 h，灌服碳酸氢钠溶液中和胃酸，是一个不错的办法。然后在 3～6 h 内重复 2～3 次，每次 1 勺碳酸氢钠稀释成 10～20 mL 口服。在治疗后的 0～10 h 内病羔羊的症状能得到显著改善。经过治疗，羔羊开始排固体粪便，然后拉稀，再转向正常
羊尿石症	（1）预防。① 保证供给新鲜、清洁的饮水至关重要。在饲料中添加 3％～5％食盐可增加饮水量，且过量的氯离子可减少结石形成的数量。② 注意饲料中蛋白质不宜过多地超过需求量。③ 减少或避免饲喂植物性雌激素饲料（如豆科作物，特别是白三叶草），尤其饲喂公山羊须格外谨慎。④ 饲料中添加氯化铵 200～300 mg/kg，对维持合理的尿液 pH 有效。也可用氯化铵混合在散装的矿物盐中，如 2.5 kg 的氯化铵与 50 kg 的食盐混合作为有效食盐的唯一来源。另外，饲料中的钙、磷、镁、硫等矿物质应平衡，保持钙磷比 2∶1，磷在 0.45％以下。对于长期饲喂含高磷低钙的饲料，必须添加钙。⑤ 保证日粮中有 30％以上的青绿饲料，则无须添加维生素 A。（2）治疗。对所有羊的尿结石症应采样送检，进行成分分析，并积极治疗，也可借助制订其余羊群的预防计划

（续表）

病　名	防　治　措　施
羊妊娠毒血症	（1）预防。① 母羊舍常通风、干燥、宽敞，垫料清洁、柔软，每天运动 2～3 h。胆怯的或采食缓慢的母羊应与强势好斗的母羊分开饲养。肥胖的妊娠后期母羊应饲喂优质的粗饲料和适量精料。② 已通过超声波确定的妊娠母羊的羔羊数，按羔羊优劣分别饲喂。怀有 3 羔或以上的母羊除饲喂适当的精料外，应加喂最好的粗饲料。③ 在母羊群内发现有妊娠毒血症羊，应全面检查和评估所喂的饲粮，并作必要的调整，若需增加或减少喂量，应逐渐增或减。（2）治疗。① 病羊不愿采食或站立，可静脉注射葡萄糖，5％～10％溶液，25～50 g，并配以 B 族维生素。② 对早期病羊，供给优质的粗饲料和较多的精料，用针筒灌服丙二醇，1 次 20 mg，每日 2～3 次。针对可能发生的低钙血症，应皮下注射硼葡萄糖酸钙 5％～10％溶液 60 mL。③ 病母羊预产期在 1 周之内，可用 10 mg 前列腺素引产；如预产期确定不了又想救活母羊和羔羊，可试用20～25 mg 地塞米松引产